全国中等职业学校电工类专业通用教材

全国技工院校电工类专业通用教材（中级技能层级）

供配电技术
基本技能训练

人力资源社会保障部教材办公室　　组织编写

 中国劳动社会保障出版社

简介

本书主要内容包括基本操作技能，架空电力线路的装设，电缆施工，变配电所设备的安装，变配电所设备的操作、运行和维护，配电计量与抄表收费。

本书由朱照红任主编，周丽梅、朱静、张贤、王莉参加编写；刘涛审稿。

图书在版编目（CIP）数据

供配电技术基本技能训练／人力资源社会保障部教材办公室组织编写 . -- 北京：中国劳动社会保障出版社，2022

全国中等职业学校电工类专业通用教材　全国技工院校电工类专业通用教材 . 中级技能层级

ISBN 978-7-5167-5490-0

Ⅰ.①供… Ⅱ.①人… Ⅲ.①供电系统 - 中等专业学校 - 教材②配电系统 - 中等专业学校 - 教材　Ⅳ.①TM72

中国版本图书馆 CIP 数据核字（2022）第 209253 号

中国劳动社会保障出版社出版发行

（北京市惠新东街 1 号　邮政编码：100029）

*

北京市科星印刷有限责任公司印刷装订　　新华书店经销

787 毫米 ×1092 毫米　16 开本　11.25 印张　215 千字
2022 年 12 月第 1 版　　2025 年 3 月第 2 次印刷

定价：**23.00 元**

营销中心电话：400-606-6496
出版社网址：http://www.class.com.cn
http://jg.class.com.cn

前　言

为了更好地适应全国技工院校电工类专业的教学要求，全面提升教学质量，人力资源社会保障部教材办公室组织有关学校的一线教师和行业、企业专家，在充分调研企业生产和学校教学情况、广泛听取教师使用反馈意见的基础上，吸收和借鉴各地技工院校教学改革的成功经验，对现有电工类专业通用教材进行了修订（新编）。

本次教材修订（新编）工作的重点主要体现在以下几个方面。

更新教材内容

◆ 根据企业岗位需求变化和教学实践，确定学生应具备的知识与能力结构，调整部分教材内容，增补开发教材，使教材的深度、难度、广度与实际需求相匹配。

◆ 根据相关专业领域的最新技术发展，推陈出新，补充新知识、新技术、新设备、新材料等方面的内容。

◆ 根据最新的国家标准、行业标准编写教材，保证教材的科学性和规范性。

◆ 根据一体化教学理念，提高实践性教学内容的比重，进一步强化理论知识与技能训练的有机结合，体现"做中学、学中做"的教学理念。

优化呈现形式

◆ 创新教材的呈现形式，尽可能使用图片、实物照片和表格等形式将知识点生动地展示出来，提高学生的学习兴趣，提升教学效果。

◆ 部分教材将传统黑白印刷升级为双色印刷和彩色印刷，提升学生的阅读体验。例如，《电工基础（第六版）》和《电子技术基础（第六版）》采用双色设计，使电路图、波形图的内涵清晰明了；《安全用电（第六版）》将图片进行彩色重绘，符合学生的认知习惯。

提升教学服务

为方便教师教学和学生学习，除全面配套开发习题册外，还提供二维码资源、电子教案、电子课件、习题参考答案等多种数字化教学资源。

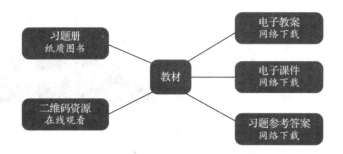

二维码资源——在部分教材中，针对重点、难点内容制作微视频，针对拓展学习内容制作电子阅读材料，使用移动设备扫描即可在线观看、阅读。

电子教案——结合教材内容编写教案，体现教学设计意图，为教师备课提供参考。

电子课件——依据教材内容制作电子课件，为教师教学提供帮助。

习题参考答案——提供教材中习题及配套习题册的参考答案，为教师指导学生练习提供方便。

电子教案、电子课件、习题参考答案均可通过技工教育网（http://jg.class.com.cn）下载使用。

致谢

本次教材的修订（新编）工作得到了辽宁、江苏、山东、河南、广西等省（自治区）人力资源社会保障厅及有关学校的大力支持，在此我们表示诚挚的谢意。

人力资源社会保障部教材办公室

2020 年 9 月

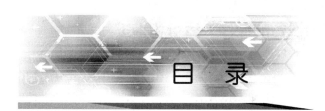

目　录

模块五　变配电所设备的操作、运行和维护

模块六　配电计量与抄表收费

模块一
基本操作技能

课题一　电力平面图的识读

学习目标

1. 了解电力平面图的主要功能。
2. 掌握电力线路的表示方法和电力平面图的绘图规则。
3. 能正确识读电力平面图。

一、电力线路的表示方法

用来表示动力设备、配电箱的安装位置和供电线路敷设路径、方法的平面图，称为电力平面图。

电力平面图采用图线和文字符号相结合的方法来表示电力线路的走向，导线的型号、规格、根数、长度，线路配线方式，线路用途等。文字符号的标注方法参照表 1–1、表 1–2、表 1–3 和表 1–4。图 1–1 所示为电力线路在电力平面图上的表示方法。

表 1–1　线路特征和功能的文字符号

序号	名称	英文含义	文字符号		备注
			单字母	双字母	
1	控制线路	control line	W	WC	
2	直流线路	direct-current line	W	WD	
3	照明线路	lighting line	W	WL	
4	电力线路	power line	W	WP	
5	应急照明线路	emergency lighting line	W	WE	或 WEL

序号	名称	英文含义	文字符号		备注
			单字母	双字母	
6	电话线路	telephone line	W	WF	
7	广播线路	broadcasting line	W	WB	或 WS
8	电视线路	TV line	W	WV	或 TV
9	插座线路	socket line	W	WX	

表 1-2　线路敷设用具的文字符号

序号	名称	英文含义	文字符号		备注
			新	旧	
1	铝线卡	aluminum clip	AL	QD	
2	电缆桥架	cable tray	CT		
3	金属软管	flexible metallic conduit	F		
4	煤气（水）管	gas（water）tube（pipe）	G，SC	G	
5	瓷绝缘子	porcelain insulator（knob）	K，PK	CP	
6	钢索	supported by messenger	M，S	S	
7	金属线槽	metal raceway	MR	XC	
8	电气金属管	electrical metallic tubing	T，MT	DG	
9	塑料管	plastic conduit	P，PC	VG	
10	塑料线卡	plastic clip	PL	XQ	含尼龙线卡
11	塑料线槽	plastic raceway	PR	XC	
12	钢管	steel conduit	S，SC	G	

表 1-3　线缆敷设方式的文字符号

序号	名称	英文名称	文字符号
1	穿低压流体输送用焊接钢管（钢导管）敷设	run in welded steel conduit	SC
2	穿普通碳素钢电线套管敷设	run in electrical metallic tubing	MT
3	穿可挠金属电线保护套管敷设	run in flexible metal trough	CP
4	穿硬塑料导管敷设	run in rigid PVC conduit	PC

续表

序号	名称	英文名称	文字符号
5	穿阻燃半硬塑料导管敷设	run in flame retardant semiflexible PVC conduit	FPC
6	穿塑料波纹电线管敷设	run in corrugated PVC conduit	KPC
7	电缆托盘敷设	installed in cable tray	CT
8	电缆梯架敷设	installed in cable ladder	CL
9	金属槽盒敷设	installed in metallic trunking	MR
10	塑料槽盒敷设	installed in PVC trunking	PR
11	钢索敷设	supported by messenger wire	M
12	直埋敷设	direct burying	DB
13	电缆沟敷设	installed in cable trough	TC
14	电缆排管敷设	installed in concrete encasement	CE

表1-4 线缆敷设部位的文字符号

序号	名称	英文名称	文字符号
1	沿或跨梁（屋架）敷设	along or across beam	AB
2	沿或跨柱敷设	along or across column	AC
3	沿吊顶或顶板面敷设	along ceiling or slab surface	CE
4	吊顶内敷设	recessed in ceiling	SCE
5	沿墙面敷设	on wall surface	WS
6	沿屋面敷设	on roof surface	RS
7	暗敷设在顶板内	concealed in ceiling or slab	CC
8	暗敷设在梁内	concealed in beam	BC
9	暗敷设在柱内	concealed in column	CLC
10	暗敷设在墙内	concealed in wall	WC
11	暗敷设在地板或地面下	in floor or ground	FC

图中线路符号 WP2–BLX–3×4–PC20–FC 的含义是：第 2 号动力分干线（WP2），导线型号为铝芯橡皮绝缘线（BLX），共有 3 根导线，截面积均为 4 mm²，敷设方式为穿入直径（外径）为 20 mm 的硬塑料管（PC），敷设部位为沿地暗敷（FC）。

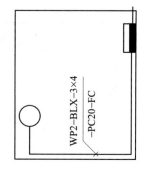

图 1–1　电力线路在电力平面图上的表示方法

二、电力平面图表示的主要内容

电力平面图是用图形符号和文字符号表示某一建筑物内各种电力设备平面布置的简图，所表示的主要内容包括以下几点。

（1）电力设备（主要是电动机）的安装位置、安装标高。

（2）电力设备的型号、规格。

（3）电力设备电源供电线路的敷设路径、敷设方法、导线根数、导线规格、穿线管类型及规格。

（4）电力配电箱的安装位置、配电箱类型、配电箱电气主接线。

三、电力平面图与电力系统图（概略图）的配合

电力系统图有两种类型，一种是比较抽象的电气系统图，它只概略表示整个建筑物供电系统的基本组成，各分配电箱的相互关系及其主要特征；另一种是比较具体的配电电气系统图，它主要表示某一分配电箱的配电情况，这种系统图通常采用表图的形式。

电力平面图通常应与电力系统图相配合，才能清楚地表示某建筑物内电力设备及其线路的配置情况。因此，阅读电力平面图必须与电力系统图相配合。

四、电力平面图与电气照明平面图的比较

对于一般的建筑工程，其电力工程与照明工程相比，工程量、复杂程度要大得多，但由于下面的原因，使得电力平面图较电气照明平面图在形式上要简单得多。

（1）电力设备一般比照明灯具要少。

（2）电力设备一般布置在地面或楼面上，而照明灯具等需要采用立体布置。

（3）电力线路一般采用三相三线供电，而照明线路的导线根数一般很多。

（4）电力线路多采用穿管配线的方式，而照明线路配线方式更加多样。

五、电力平面图识读实例

图 1–2 所示是某车间电力平面图。这张平面图是在建筑平面图上绘制出来的。该

车间主要由3个房间组成，车间采用尺寸数字定位（没有画出定位轴线）。这三个房间的建筑面积分别为：8 m×19 m=152 m²；30 m×19 m=570 m²；8 m×10 m=80 m²。

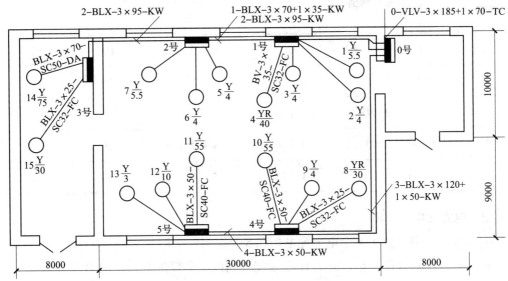

说明：1. 进线电缆引自室外380 V架空线路第42号杆。
　　　2. 各电动机配线除注明外，其余均为BLX-3×2.5-SC15-FC。

图1-2　某车间电力平面图

1. 配电干线

配电干线主要是指外电源至总电力配电柜（0号）、总电力配电柜至各分电力配电箱（1~5号）的配电线路。

图中比较详细地描述了这些配电线路的布置，如线缆的走向、型号、规格、长度（由建筑物尺寸确定）、敷设方式等。例如，由总电力配电柜（0号）至4号配电箱的线缆，图中标注为3-BLX-3×120+1×50-KW，表示导线型号为BLX，共有4根导线，其中3根截面积为120 mm²，1根截面积为50 mm²，沿墙，采用瓷绝缘子敷设（KW）。

图1-3所示的线缆配置图和表1-5所示的线缆配置表，对上述内容的描述更加具体。

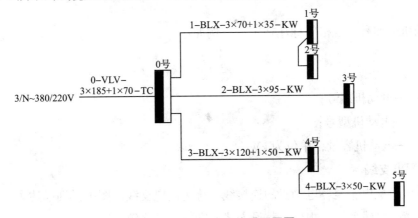

图1-3　某车间电力线缆配置图

表 1-5 某车间电力线缆配置表

线缆编号	线缆型号及规格	连接点		长度（m）	敷设方式
		Ⅰ	Ⅱ		
0	VLV-3×185+1×70	42号杆	0号配电柜	150	TC
1	BLX-3×70+1×35	0号配电柜	1、2号配电箱	25	KW
2	BLX-3×95	0号配电柜	3号配电箱	35	KW
3	BLX-3×120+1×50	0号配电柜	4号配电箱	40	KW
4	BLX-3×50	4号配电箱	5号配电箱	50	KW

2. 电力配电柜、箱

这个车间一共布置了1个电力配电柜和5个电力配电箱。

0号配电柜为总配电柜，布置在右侧配电间内，电缆进线，三回出线分别至1号与2号、3号、4号与5号电力配电箱。

1号配电箱，布置在主车间，四回出线。

2号配电箱，布置在主车间，三回出线。

3号配电箱，布置在辅助车间，两回出线。

4号配电箱，布置在主车间，三回出线。

5号配电箱，布置在主车间，三回出线。

3. 电力设备

图中所描述的电力设备主要是电动机。各电动机按序编号为1～15，共15台电动机。图中分别表示各电动机的位置等。因为这个图是按比例绘制的，所以电动机的位置可用比例尺在图上直接量取。必要时还应参阅有关的建筑基础平面图、工艺图等确定。

电动机的型号、规格等标注在图上。例如：

$$3\ \frac{Y}{4}$$

其中 3——电动机编号；

　　　Y——电动机型号；

　　　4——电动机容量，单位为 kW。

4. 配电支线

由各电力配电箱至各电动机的连接线，称为配电支线，图中详细描述了15条配电支线的位置，导线型号、规格，敷设方式，穿线管规格等。

图 1-2 中的说明表示，各电动机配线除注明者外，其余均为 BLX-3 × 2.5-SC15-FC。也就是说，图示各小容量电动机均采用 BLX 型导线（铝芯橡皮绝缘线），3 根相线截面积均为 2.5 mm²，穿入管径为 15 mm 的钢管（SC15），沿地板暗敷（FC）。较大容量电动机的配线情况分别标注在图上。

 技能训练

1. 训练内容

电力平面图识读。

2. 训练器材

训练图样一份，如图 1-4 所示。

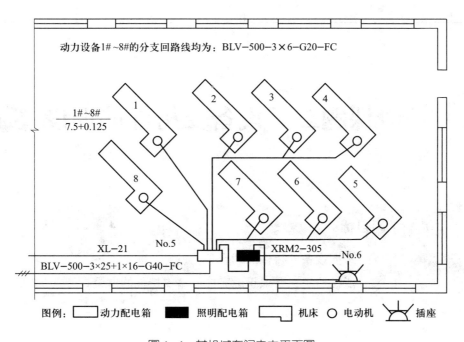

图 1-4 某机械车间电力平面图

3. 训练步骤

（1）根据训练图样统计该车间电力负荷。

（2）分析并说明电力配电箱安装位置及接线等情况。

（3）分析并说明车间电路干线和支线的配线情况。

（4）分析并说明车间内动力设备的安装及连线情况。

4. 成绩评定

考核内容及评分标准见表 1-6。

表1-6 评分标准表

序号	考核内容	配分	评分标准	扣分	得分
1	根据给定的图样统计负荷	40	计算错误，扣40分 计算不完整或计算结果误差太大，酌情扣10~30分		
2	电力配电箱安装情况说明	10	酌情扣分		
3	干线和支线配线情况说明	20	酌情扣分		
4	动力设备安装情况说明	30	酌情扣分		
5	合计	100			

课题二　设备支持件的埋设

学习目标

1. 掌握设备支持件的埋设工艺。
2. 能按照工艺要求正确完成设备支持件的埋设。

在建筑物上安装电气线路和设备，必须解决这些线路和设备在建筑物上的固定问题。如何牢固地在建筑物的墙体、天花板、楼板等处埋设电气设备的支持件，并满足安全、适用、美观的要求，是电气作业的基本工艺之一。

一、预埋铁件

预埋铁件是指预先埋设于混凝土或砖结构内的带有弯钩圆钢、角钢或铁板等钢铁结构件。电气设备的固定支架可直接焊接在预埋铁件上。

二、预留孔洞

预留孔洞的做法广泛用于油开关、电动机、雷电防护部件等较大设备的场合。通常按以下步骤进行。

（1）在设计图上画出预留孔洞的位置。

（2）土建浇灌时预留孔洞或砌墙人员在需要位置留出孔洞。

（3）用细石混凝土灌浆。

（4）二次灌浆，修平基础。

三、埋设地脚

地脚广泛用于固定设备底座及较大电气盒、箱。埋设地脚须重点做好以下几个方面的工作。

（1）为了使地脚埋设牢固，孔洞应用水冲洗干净，灌浆前应是潮湿的。

（2）为了保证埋设位置准确，墙上埋设要用粉线弹出十字线。埋设时注意使地脚螺钉等处于十字中心的位置。用铁皮或按实物尺寸做出样板，套在地脚螺钉上再进行预埋。

（3）为了增加抗拉力，固定构件的地脚埋入部分分别制成弯钩、弯圈、开尾、焊圆钢等样式。常见地脚螺栓如图 1-5 所示。

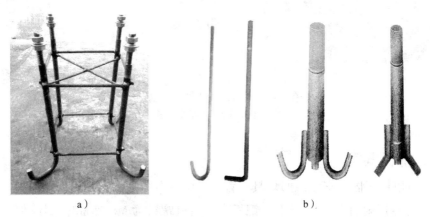

a）　　　　　　　　　　　　　　　b）

图 1-5　常见地脚螺栓

a）路灯地脚螺栓　b）钢结构地脚螺栓

地脚螺栓的埋设方法根据与基础混凝土施工的前后关系，分为直埋和后埋两种。直埋是浇筑混凝土前将螺栓定位，混凝土浇筑成型后，螺栓埋设好；后埋是浇筑混凝土时预留埋设螺栓孔洞，待混凝土达到一定强度后，插入螺栓，二次浇筑混凝土。

直埋地脚螺栓的优点是混凝土一次浇筑成型，混凝土强度均匀，整体性强，抗剪强度高；缺点是螺栓无固定支撑点，如果螺栓定位出现误差，则处理相当烦琐。后埋地脚螺栓的优点是螺栓有可靠的支撑点（已达到一定强度的基础混凝土），定位准确，不容易出现误差；缺点是预留孔洞部分混凝土浇筑后硬化收缩，容易与原混凝土之间产生裂缝，降低整体的抗剪强度，使结构的整体耐久性受到影响。

四、胀管（膨胀螺栓）固定

此法具有效率高、劳动强度低、定位准确、工艺美观等特点，主要用于配电箱、各种小设备的安装固定。操作时，先在物体需要固定的混凝土或砖墙上，用冲击钻或电锤钻出洞眼，孔径的大小和深度应刚好与塑料胀管（或金属膨胀螺栓）的大小和长度相配合，然后轻轻打入塑料胀管（或金属膨胀螺栓），再套上被固定设备的支架，最后放入垫圈，拧紧螺钉（或套上螺母并用扳手拧紧）即可。常用的胀管、膨胀螺栓如图 1-6 所示。

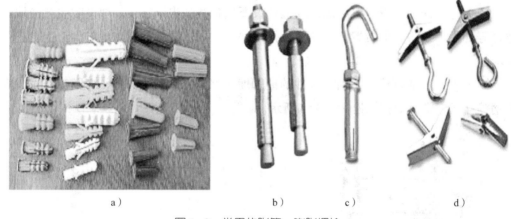

a)   b)   c)   d)

图 1-6 常用的胀管、膨胀螺栓
a）胀管 b）普通膨胀螺栓 c）钩形膨胀螺栓 d）伞形膨胀螺栓

五、射钉固定

此法可以用于固定安装照明灯具、管道、电线电缆等。它是用专用射钉工具（即射钉枪）将专用射钉射入混凝土或钢板内。射钉螺钉为 M6 及 M8，螺纹部分长度有8 mm、15 mm 和 20 mm 三种。射钉法施工具有快速方便、工期短、劳动强度低等特点，但由于螺钉较小，其使用范围受到限制。

六、盒、箱预埋

盒、箱固定应平正牢固、灰浆饱满，收口平整，纵、横坐标准确，符合设计图和施工验收规范规定。下面介绍几种典型的盒、箱预埋工艺。

1. 砖墙预埋盒、箱

根据设计图规定的盒、箱预留具体位置，随土建砌体，电工配合施工，在约 300 mm 处预留出进入盒、箱的管子长度，将管子甩在盒、箱预留孔外，管端头堵好，等待最后一管一孔进入盒、箱，预埋完毕。

2. 剔洞预埋盒、箱

按弹出的水平线，对照设计图找出盒、箱的准确位置，然后剔洞，所剔孔洞应比盒、箱稍大一些。洞剔好后，先用水把洞内四壁浇湿，并将洞中杂物清理干净。依照管路的走向敲掉盒子的敲落孔，再用高标号水泥砂浆填入洞内将盒、箱固定端正，待水泥砂浆凝固后，再接短管入盒、箱。

3. 组合钢模板、大模板混凝土墙预埋盒、箱

在模板上打孔，用螺钉将盒、箱固定在模板上。拆模前及时将固定盒、箱的螺钉拆除。利用穿筋盒，直接固定在钢筋上，并根据墙体厚度焊好支撑钢筋，使盒口或箱口与墙体平面平齐。

4. 顶板预埋灯头盒

（1）加气混凝土板、圆孔板预埋灯头盒时，根据设计图标注出灯头盒的位置和尺寸，先打孔，然后由下向上剔洞，洞口下小上大。将盒子配上相应的固定体放入洞中，并固定好吊板，待配管后用高标号水泥砂浆预埋牢固。

（2）现浇混凝土楼板等需要安装吊扇、花灯或吊装灯具超过 3 kg 时，应预埋吊钩或螺栓，其吊挂力矩应保证承载要求和安全。

5. 隔墙（如砖墙、泡沫混凝土墙）预埋开关盒、插座盒

剔槽前，应在槽两边先弹线。开槽的宽度及深度均应比管外径大，以大于 1.5 倍管外径为宜。砖墙可用錾子沿槽内边进行剔槽；泡沫混凝土墙可用刀锯锯成槽的两边后，再剔成槽。剔槽后，应先预埋盒，再接管。

PVC 管进配电箱、开关盒、接线盒的安装方法如图 1–7 所示。

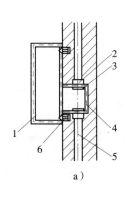
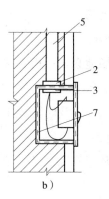

a）　　　　　　　　　　　　　b）

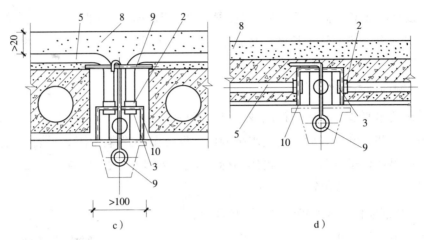

图1-7　PVC管进配电箱、开关盒、接线盒的安装方法

a）PVC管接配电箱　b）PVC管接开关盒　c）在预制楼板上安装接线盒和吊扇钩

d）在现浇楼板上安装接线盒和吊扇钩

1—配电箱　2—入盒接头　3—入盒锁　4、10—接线盒　5—PVC管　6—膨胀螺栓

7—暗装开关盒　8—地坪　9—ϕ10 mm圆钢

 技能训练

1. 训练内容

设备支持件的预埋。

2. 训练器材

电工常用工具和专用工具、地脚螺栓、膨胀螺栓、开关盒等。

3. 训练步骤

（1）在地基稳固的地方预埋地脚螺栓。

（2）在稳定的墙体上埋设膨胀螺栓。

（3）在稳定的墙体上预埋开关盒。

4. 注意事项

（1）训练场地必须经检查符合安全文明生产要求。

（2）材料准备应充分。

（3）训练完毕应及时清理工具，并将工作场地及时恢复。

5. 成绩评定

考核内容及评分标准见表1-7。

表 1-7 评分标准表

序号	考核内容	配分	评分标准	扣分	得分
1	准备工作	10	工具及材料准备不充分，扣10分		
2	预埋地脚螺栓	30	不符合施工质量要求，验收不达标，酌情扣 10~30 分		
3	埋设膨胀螺栓	30	不符合施工质量要求，验收不达标，酌情扣 10~30 分		
4	预埋开关盒	20	不符合施工质量要求，验收不达标，酌情扣 10~20 分		
5	结束工作	10	训练记录不完整，扣5分 训练场地和工具不按规定清点、整理，扣5分		
6	安全文明生产	否定项	严重违反安全文明生产规定，本次考核计0分；情节较轻的，酌情在总分中扣 5~20 分		
7	合计	100			

课题三 接地装置的制作

学习目标

1. 了解接地装置的分类。
2. 了解接地装置的技术要求。
3. 能按照工艺要求正确安装接地体。

一、接地装置的分类

典型接地装置是由接地体和接地线两部分组成的，如图 1-8 所示。接地装置按接地体的多少分为单极接地、多极接地、接地网三种形式。

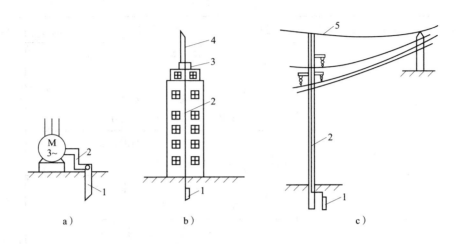

图 1-8 接地装置

a）电动机保护接地 b）接闪杆（旧称避雷针）防雷接地 c）接闪线（旧称避雷线）防雷接地

1—接地体 2—接地线 3—基座 4—接闪杆 5—接闪线

1. 单极接地

单极接地由一支接地体构成，接地线一端与接地体连接，另一端与设备的接地点连接，如图 1-9 所示。它适用于接地要求不太高和设备接地点较少的场所。

2. 多极接地

多极接地由两支以上的接地体构成，各接地体之间用接地干线连成一体，形成并联，从而减少接地装置的接地电阻。接地支线一端与接地干线连接，另一端与设备的接地点直接连接，如图 1-10 所示。多极接地装置可靠性强，适用于接地要求较高且设备接地点较多的场所。

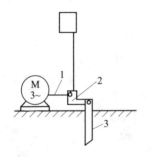

图 1-9 单极接地装置

1—接地支线 2—接地干线 3—接地体

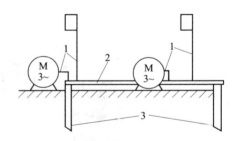

图 1-10 多极接地装置

1—接地支线 2—接地干线 3—接地体

3. 接地网

接地网是用接地干线将多支接地体互相连接所形成的网络。接地网既方便群体设备的接地需要，又加强了接地装置的可靠性，也减小了接地电阻，适用于配电所以及接地点多的车间、工厂或露天作业等场所。

二、接地装置的技术要求

接地装置的技术要求主要指接地电阻的要求，原则上接地电阻越小越好，考虑到经济合理，接地电阻以不超过规定的数值为准。

对接地电阻的要求：接闪杆和接闪线单独使用时，接地电阻应不大于 10 Ω；配电变压器低压侧中性点接地电阻应为 0.5 ～ 10 Ω；保护接地的接地电阻应不大于 4 Ω。多个设备共用一副接地装置时，接地电阻应以要求最高的为准。

在土壤电阻率较高的地层，接地装置的接地电阻往往达不到规定要求。这时必须采取有效措施，使之达到要求。

（1）最基本的措施是增加接地体的个数，或者适当地增加接地体的长度。两者都是以增加接地体的散流面积来达到降低接地电阻的目的，但以增加接地体个数的效果较为显著。这种方法既有效又方便，在土壤电阻率不太高的地层应用较多。

（2）在土壤电阻率较高的地层，当接地电阻达不到要求时，可在每一支接地体周围堆填化学填料，以改善接地体的散流条件，从而降低散流电阻。化学填料的质地蓬松，填入后接地体容易晃动，这会增加接触电阻，反而造成接地电阻的增加。为此，应将化学填料放置在地表下 0.5 ～ 1.2 m 的地层中，并把底层和面层的泥土夯实。

每份化学填料的组成成分是粉状木炭 30 kg、食盐 8 kg 和水适量。配制方法是将食盐先溶解于水中，然后将盐水渐渐浇入炭粉中，同时不断地搅拌，均匀后即可填入接地体四周。

（3）在土壤电阻率很高的沙石地层装接地体时，可采用土壤置换法降低接地电阻。从散流电阻的分布情况来看，由于电流散发密度较大的范围是有限的，可采用挖坑换土的方法来改善接地体四周土壤的散流条件。把电阻率较低的土壤或者具有较好的导电性的工业废料（如电石渣、冶炼废渣或化工废渣等）填入坑中。采用这种方法能取得一定效果，尤其在降低工频接地电阻方面效果较为显著。

（4）有些区域往往存在下列情况：需要接地处的土壤电阻率极高，而离之不远的地方土壤电阻率较低。这时可采用接地体外引的方法，即用较长的接地线把设备接地点引出土壤电阻率较高的范围，让接地体安装在电阻率较低的土壤上。

三、接地装置安装施工准备

1. 技术准备

熟悉施工图样及技术要求，制定施工方案。

2. 材料及施工机具准备

主要材料有符合规定的镀锌角钢、钢管、扁钢、铜材等。主要的施工机具有电工常用工具、接地电阻表、钢卷尺、铁锹、锤子及电焊设备等。

3. 作业条件

按设计要求清理场地，并检查施工现场的其他准备工作进展情况。

四、人工接地装置安装工艺流程

人工接地装置安装工艺流程如图 1-11 所示。

图 1-11　人工接地装置安装工艺流程

五、接地体的安装

1. 熟悉人工接地体制作的一般要求

人工接地体一般都是用结构钢制成，其规格是角钢的厚度应不小于 4 mm；钢管管壁厚度不小于 3.5 mm；圆钢直径不小于 8 mm；扁钢厚度不小于 4 mm，截面积不小于 48 mm^2。

材料不应有严重锈蚀，弯曲的材料必须矫直后方可使用。

2. 安装垂直接地体

以室内接地体的安装为例，学习垂直接地体的安装过程和工艺要求。室内接地体安装示意如图 1-12 所示。

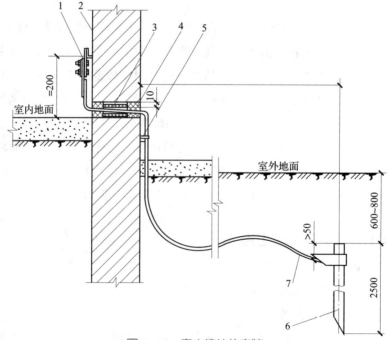

图 1-12　室内接地体安装

1—接地端子　2—墙壁　3—塑料套管　4—建筑密封膏　5—固定点　6—室内接地体（极）　7—接地线

（1）制作垂直接地体。垂直接地体通常用角钢或钢管制成。根据设计要求的数量、材料规格进行加工，加工长度一般在 2 ~ 3 m，下端加工成尖形。用角钢制作的垂直接地体，尖点应在角钢的钢脊上，且两个斜边要对称。用钢管制作的垂直接地体，要单边斜削保持一个尖点。凡用螺钉连接的接地体，应先钻好螺钉孔。为便于连接，要在接地体的上端做成如图 1–13 所示的结构。

（2）根据设计图样要求对接地装置的线路进行测量、弹线。

（3）在确定的线路上挖掘深度为 0.8 m、宽度为 0.5 m 的沟。为防止砂石下落，确保施工安全，所挖沟槽上部应略宽些。

（4）安装垂直接地体。采用打桩法将接地体打入地下，接地体应与地面垂直，不可歪斜，如图 1–14 所示。打入地面的有效深度应不小于 2 m。多极接地或接地网的接地体与接地体之间在地下应保持 5 m 以上的直线距离。

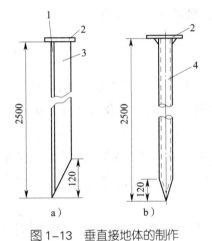

图 1–13　垂直接地体的制作
a）角钢顶端装连接板　b）钢管顶端装连接板
1—加固镀锌角钢　2—镀锌扁钢　3—镀锌角钢　4—镀锌钢管

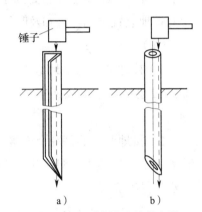

图 1–14　垂直接地体的安装
a）角钢接地体　b）钢管接地体

用锤子锤打角钢时，应锤打角钢的角脊处；用锤子锤打钢管时，锤击力应集中在尖端的切点位置。否则，不但打入困难，且不易打直，造成接地体与土壤之间产生缝隙，增加接地电阻。

接地体打入地下后，应在其四周填土夯实，以减小接地电阻。若接地体与接地干线在地下连接，应先将其电焊焊接后，再填土夯实。

3．安装水平接地体

安装水平接地体一般只适用于土层浅薄的地方。水平接地体通常用扁钢或圆钢制成。一端弯成向上直角，便于连接；如果接地线采用螺钉压接，应先钻好螺钉孔。水平接地体的长度随安装条件和接地装置的结构形式而定。

安装采用挖沟填埋法，接地体应埋入地面 0.6 m 以下的土壤中，如图 1–15 所示。如果是多极接地或接地网，接地体之间应相隔 5 m 以上的直线距离。

4. 验收记录

接地装置安装工程质量验收记录表的填写主要包括施工单位检查评定记录和监理（建设）单位验收记录两部分。评定和验收的依据是《建筑电气工程施工质量验收规范》（GB 50303—2015）相关规定。

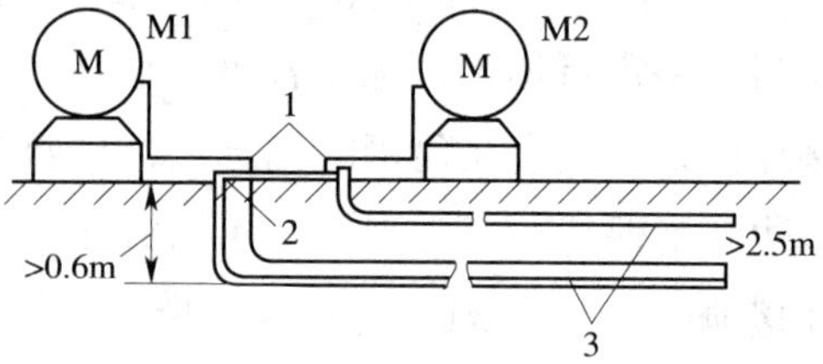

图 1-15 安装水平接地体
1—接地支线 2—接地干线 3—接地体

5. 接地装置的维护

接地装置的安装一般都在电气设备安装之前进行，因此在设备安装时应统一考虑，整体布局，敷设接地和接零、防雷系统。安装完毕后，便应进行统一接地、接零测量检查，并列入厂房施工和设备安装验收内容之一。由于接地系统所处位置特殊，容易受到各种恶劣环境的影响（如高温，冰冻，水流蒸汽、油污以及腐蚀气体、溶液的腐蚀和氧化），此外还可能受机械外力的损伤，破坏原有的导电性能。因此，有必要制定对接地装置定期检查和及时维护的检修制度。

（1）定期检查

1）接地装置的接地电阻必须定期复测，要求工作接地每隔半年或一年复测一次，保护接地每隔一年或两年复测一次。接地电阻增大时，应及时修复，切不可勉强使用。

2）接地装置的每一个连接点，尤其是采用螺钉压接的连接点，应每隔半年或一年检查一次。连接点一旦出现松动，必须及时拧紧。采用电焊焊接的连接点也应定期检查焊接是否完好。

3）接地线的每个支点应进行定期检查，发现有松动、脱落的，应及时固定。

4）定期检查接地体和接地连接干线是否出现严重锈蚀。若有严重锈蚀，应及时修复或更换，不可勉强使用。

（2）常见故障的排除方法

1）连接点松散或脱落。较容易出现松脱的是移动电具的接地支线与外壳（或插头）之间的连接处、铝芯接地线的连接处、有振动的设备接地连接处。发现松散或脱落时，应及时重新接好。

2）遗漏接地或接错位置。在设备进行维修或更换时，一般都要拆卸电源线头和接地线头。待重新安装设备时，往往会因疏忽而把接地线头漏接或接错位置。发现有漏接或接错位置时，应及时纠正。

3）接地线局部的电阻增大。常见的情况有：连接点松散；连接点的接触面存在氧化层或其他污垢；跨接过渡线松散等。一旦发现问题，应及时重新拧紧压接螺钉，或清除氧化层及污垢并接妥。

4）接地线的截面积过小。通常由于设备容量增加后而接地线没有相应更换所引起，接地线应按规定做相应的更换。

5）接地体的散流电阻增大。通常是由于接地体被严重腐蚀所引起，也可能是接地体与接地干线之间的接触不良所引起。发现后应重新更换接地体，或重新把连接处接妥。

六、接地线的安装

1. 合理选用接地线

（1）用于输配电系统的工作接地线

接地线可用铜芯或铝芯的绝缘电线或裸线，也可选用扁钢、圆钢或镀锌铁丝绞线，截面积应不小于 16 mm²。接地干线通常用截面积不小于 4 mm × 12 mm 的扁钢或直径不小于 6 mm 的圆钢。

配电变压器低压侧中性点的接地支线要采用截面积不小于 35 mm² 的裸铜绞线；容量在 100 kV · A 以下的变压器，其中性点接地支线可采用截面积为 25 mm² 的裸铜绞线。

（2）用于金属外壳的保护接地线

接地支线须按相应的电源相线截面积的 1/3 选用；接地干线须按相应电源相线截面积的 1/2 选用。

装于地下的接地线不准采用铝导线，移动电具的接地支线必须用铜芯绝缘软线。

2. 安装接地干线

（1）接地干线与接地体的连接处要加镶块，尽可能采用电焊焊接；无条件电焊焊接时允许用螺钉压接。连接处的接触面必须经过镀锌或镀锡防锈处理，压接螺钉一般采用 M12 ~ M16 的镀锌螺钉。安装时，接触面要保持平整、严密，不可有缝隙；螺钉要拧紧，在有振动的场所中螺钉上应加弹簧垫圈。

（2）多极接地和接地网接地体之间连接干线，如果需要提供接地线就应安装在如图 1-16 所示的地沟中，沟上应覆有沟盖，且应与地面平齐。若接地连接干线采用扁钢，安装前应在扁钢宽面上预先钻好接线用的通孔，并在连接处镀锡。如不需要提供接地线，则应埋入地下 300 mm 左右，并在地面标明干线的走向和连接点的位置，便于检查修理。埋入地下的连接点尽量采用电焊焊接。

（3）公用配电变压器的接地干线与接地体的连接点埋入地下 100 ~ 200 mm，如图 1-17 所示。在接地线引出地面 2 ~ 2.5 m 处断开，再用螺钉重新压接牢固。

（4）接地干线明设时，除连接处外，均应涂黑色标明。在穿越墙壁或楼板时应穿管加以保护。在可能受到机械力而使之损坏的地方应加防护罩保护。敷设室内的接地干线采用扁钢时，可按如图 1-18 所示用支持卡子沿墙敷设，它与地面的距离约 200 mm，与墙的距离约 15 mm。若采用多股电线连接，应采用如图 1-19 所示的接线耳，不许把线头直接弯圈压接在螺钉上。在有振动的地方，还要加弹簧垫圈。

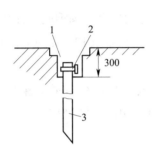

图 1-16　接地体连接干线地沟

1—接地体连接干线地沟　2—接地干线　3—接地体

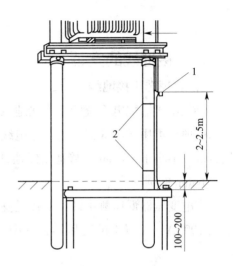

图 1-17　配电变压器的接地干线

1—断开点　2—绑扎铁丝

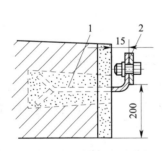

图 1-18　接地干线沿墙敷设

1—支持卡子　2—接地扁钢

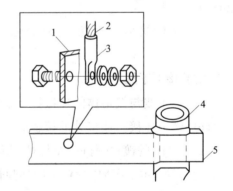

图 1-19　接地干线有多股导线的连接方法

1—接地体连接干线　2—多股导线　3—接线耳
4—接地体　5—接地干线

（5）用扁钢或圆钢制作的接地干线需要接长时，必须采用电焊焊接。焊接处扁钢搭头长为其宽的 2 倍，圆钢搭头长为其直径的 6 倍。

（6）接地干线也可以利用环境中已有的金属构件和设施，如吊车和行车的轨道、大型机床床身、金属屋架、电梯竖井架、电缆的金属外皮、各种无可燃和可爆物质的金属管道（不包括明线管道）等。利用这些金属体作为接地线时，它们必须具有良好的导电连续性。

因此，必须在管子的连接处或金属构件的连接处做过渡性的电连接。连接方法如

图 1-20 所示。夹头适用于管径较小的管道，抱箍适用于管径较大的管道。夹头、抱箍需经镀锌、镀铝或镀铜的防锈处理；管道表面不应有漆层、铁锈或其他污垢；条件允许时，可在连接处用喷灯镀锡。

在钢筋、桩柱金属套管或地下金属箱壁上引接地线时，一般采用电焊焊接，也允许采用螺钉压接，但必须经防锈处理。

3. 安装接地支线

接地支线安装工艺如下。

（1）每一台设备的接地点必须用一根接地支线与接地干线单独连接。不允许用一根接地支线把几台设备的接地点串联起来；也不允许将几根接地支线并接在接地干线的一个连接点上。

（2）在室内容易被人体触及的地方，接地支线要采用多股绝缘线，连接处必须恢复绝缘层。在室内外不易被人体触及的地方，接地支线要采用多股裸绞线。用于移动电具从插头至外壳处的接地支线应采用铜芯绝缘软线，中间不允许有接头，并和绝缘线一齐套入绝缘护层内。常用三芯或四芯橡胶（或塑料）护套电缆中的黑色绝缘层导线作为接地支线。

（3）接地支线与接地干线或与设备接地点连接时，其线头要用接线耳，采用螺钉压接。在有振动的场所，螺钉上应加弹簧垫圈。

（4）固定敷设的接地支线需接长时，连接处必须正规，铜芯线连接处要锡焊加固。

（5）在电动机保护接地中，可利用电动机与控制开关之间的导线保护钢管做控制开关外壳的接地线，其安装方法如图 1-21 所示。

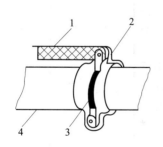

图 1-20 金属管道的过渡连接
1—接地线 2—金属抱箍
3—跨接导线 4—金属管道

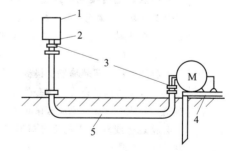

图 1-21 利用自然金属体做接地支线
1—开关外壳 2—接地点 3—金属夹头
4—接地干线 5—电源线保护钢管

（6）接地支线的每个连接处都应置于明显部位，便于检修。

4. 变配电室及电气竖井内接地干线敷设工程质量验收记录表

记录表格式和填写项目见表 1-8。

表 1-8　变配电室及电气竖井内接地干线敷设工程质量验收记录表

工程名称		检验部位		项目经理	
施工单位		分包经理		专业工长	
分包单位		执行标准		施工组长	
验收项目	**GB 50303—2015 相关规定**			**施工单位检查评定记录**	**监理（建设）单位验收记录**
主控项目	1. 接地干线应与接地装置可靠连接 2. 接地干线的材料型号、规格应符合设计要求				
一般项目	1. 接地干线的连接应符合下列规定 （1）接地干线搭接焊要求：扁钢与扁钢搭接不应小于扁钢宽度的 2 倍，且应至少三面施焊；圆钢与圆钢搭接不应小于圆钢直径的 6 倍，且应双面施焊；圆钢与扁钢搭接不应小于圆钢直径的 6 倍，且应双面施焊；扁钢与钢管，扁钢与角钢焊接，应紧贴角钢外侧两面，或紧贴 3/4 钢管表面，上下两侧施焊 （2）采用螺栓搭接时，铝与铝可直接搭接；钢与钢搭接面应镀锌或搪锡；铜与铝搭接时在干燥室内铜导体搭接面应搪锡，在潮湿场所铜导体搭接面应搪锡或镀银且应采用铜铝过渡连接；铜与铜搭接时在干燥室内可不镀银、不搪锡，在室外或潮湿场所搭接面应镀银或搪锡；钢与铜或铝搭接时，钢搭接面应镀锌或搪锡 （3）铜与铜或铜与钢采用热剂焊（放热焊接）时，接头应无贯穿性的气孔且表面平滑 2. 明敷的室内接地干线支持件应固定可靠，支持件间距应均匀，扁形导体支持件固定间距宜为 500 mm；圆形导体支持件固定间距宜为 1 000 mm；弯曲部分宜为 0.3～0.5 m 3. 接地干线在穿越墙壁、楼板和地坪处应加套钢管或其他坚固的保护套管，钢套管应与接地干线做电气连通，接地干线敷设完成后保护套管管口应封堵 4. 接地干线跨越建筑物变形缝时，应采取补偿措施 5. 对于接地干线的焊接接头，除埋入混凝土内的接头外，其余均应做防腐处理，且无遗漏 6. 室内明敷接地干线安装应符合下列规定 （1）敷设位置应便于检查，不应妨碍设备的拆卸、检修和运行巡视，安装高度应符合设计要求 （2）当沿建筑物墙壁水平敷设时，与建筑物墙壁间的间隙宜为 10～20 mm				

续表

验收项目	GB 50303—2015 相关规定	施工单位检查评定记录	监理（建设）单位验收记录
一般项目	（3）接地干线全长度或区间段及每个连接部位附近的表面，应涂以 15 ～ 100 mm 宽度相等的黄色和绿色相间的条纹标识 （4）变压器室、高压配电室、发电机房的接地干线上应设置不少于 2 个供临时接地用的接线柱或接地螺栓		
施工单位检查评定结果	项目专业质量检查员： 　　　　　　　　　　　　　　　　　　　　　年　月　日		
监理（建设）单位验收结论	电气监理工程师： 　　　　　　　　　　　　　　　　　　　　　年　月　日		

七、接地电阻的测量

1. 用万用表测量接地电阻

（1）在距离接地体 A 约 3 m 处，打入两支测量接地棒 B 和 C，如图 1-22 所示。打入地面深度 500 mm 左右。

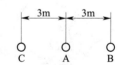

图 1-22　用万用表测量接地电阻

（2）将万用表拨到电阻量程 R×1 挡，测量并记录 AB 间、BC 间和 AC 间的电阻值，通过计算即可求得接地体的接地电阻。例如，测得

$$R_{AB}=R_A+R_B=7（\Omega）$$

$$R_{BC}=R_B+R_C=12（\Omega）$$

$$R_{CA}=R_C+R_A=11（\Omega）$$

接地体 A 的接地电阻

$$R_A=（R_{AB}+R_{CA}-R_{BC}）/2=3（\Omega）$$

为了保证所测接地电阻值的可靠性，应在测量完毕后移动两支测量接地棒，换一个方向进行复测。每一次所测的电阻值不会完全一致，可取几处测量值的平均值，确定最后的数值。

2. 用接地电阻表测量接地电阻

用 ZC-8 型接地电阻表测量接地电阻。接地电阻表及其附件如图 1-23 所示。

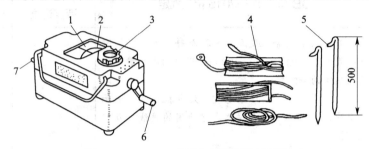

图 1-23 ZC-8 型接地电阻表及其附件

1—表头 2—细调拨盘 3—粗调旋钮 4—连接线 5—测量接地棒 6—摇柄 7—接线桩

其测量方法如图 1-24 所示，步骤如下。

（1）拆开接地干线与接地体的连接点，或拆开接地干线上所有接地支线的连接点。

（2）将一支测量接地棒插在离接地体 40 m 远的地下，另一支测量接地棒插在离接地体 20 m 远的地下，两支测量接地棒均垂直插入地面深 400 mm。

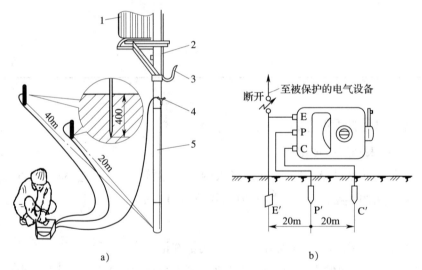

a)   b)

图 1-24 ZC-8 型接地电阻表测量接地电阻

a）现场测量接地电阻 b）测量接地电阻接线图

1—变压器 2—接地线 3—断开处 4—连接处 5—接地干线

（3）将接地电阻表放置在接地体附近平整的地方，然后接线。最短的一根连接线连接表上接线桩 E 和接地体；最长的一根连接线连接表上接线桩 C 和 40 m 远处的测量接地棒；较短的一根连接线连接表上接线桩 P 和 20 m 远处的测量接地棒。

（4）根据被测接地体接地电阻要求，调节好粗调旋钮（有三挡可调范围）。

（5）以 120 r/min 的转速均匀摇动手柄，当表头指针偏离中心时，边摇边调节细调拨盘，直到表针居中为止。

（6）以细调拨盘的位置乘以粗调旋钮定位的倍数，其结果就是被测接地体接地电阻的阻值。例如，细调拨盘的读数是 0.35，粗调旋钮定位的倍数是 10，则被测得的接地电阻是 3.5 Ω。

3. 用接地电阻测试仪测量接地电阻

HF2510B 型接地电阻测试仪由 220 V、50 Hz 电源供电，三线电源线必须具备地线、相线、零线。其结构如图 1-25 所示。

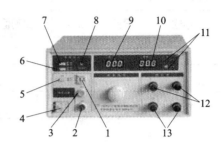

图 1-25　HF2510B 型接地电阻测试仪
1—定时选择开关　2—复位按钮　3—启动按钮
4—电源开关　5—定时按钮　6—测试电流
7—预置/测量选择开关　8—电阻置限调节端子
9—毫欧表　10—电流表　11—指示灯
12—电压测试端子　13—电流测试端子

测量方法如下。

（1）将专用测试线分别接到电流、电压测试端子上，电流端接粗线，电压端接细线。

（2）用测量线的红端与被测设备的机壳地端相接，黑端与跟被测设备相连的电源线的地端相接。

（3）按下预置开关，通过电阻置限调节端子设定电阻上限。例如，0.100 Ω 为合格上限，则调节电阻置限调节端子，使绝缘电阻表指示至"100"。

（4）打开电源，选定电流，设定定时。

（5）按复位按钮，此时"报警""合格"灯应当不亮。

（6）按启动按钮，则"测试"灯亮。测试时，调整电流至"25 A"，并显示被测阻值；如果电流不为 25 A 或 30 A，则显示的被测阻值就不准确。

（7）将定时开关打到"ON"位置开始定时。定时到，自动复位，停止测试。

注意事项：测量时，严禁测试端直接短路。

4. 将接地电阻测量值填入记录表

接地电阻测量记录表格式和填写内容见表 1-9。表中检测结果应为实测值与季节系数之积。季节系数与土壤性质有关。一般而言，季节系数：黏土，取 1.5 ~ 3；园地，取 1.2 ~ 1.3；黄沙地，取 1.2 ~ 2.4；石灰石，取 1.2 ~ 2.5。土壤潮湿取值偏大，土壤干燥取值偏小。

 小提示

1. 测量接地电阻时应使仪表远离强磁场，且不宜在雨天、雾天测量，以免影响测量精度。

2. 测量完毕应将仪表妥善保管。

表 1-9　接地电阻测量记录表

工程名称			建设单位		
敷设类别			施工单位		
仪表型号			测试环境温度		
接地类别	设计值（Ω）	实测值（Ω）	季节系数	检测结果	备注

测试布置简图：
（应注明测试点位置方向）

检查意见：

技术负责人：　　质检员：　　测试人：　　　　　　　　　年　月　日

验收意见：

专业监理工程师：　　　　　　　　　　　　　　　　　年　月　日

 技能训练

1. 训练内容

接地装置制作与安装。

2. 训练器材

电工常用工具、焊接工具、卷尺、锯割工具、锉削工具、锤子、4 mm×50 mm×50 mm×2 100 mm 角钢（4 件）、4 mm×20 mm×300 mm 扁钢（4 件）、万用表、接地电阻表、接地电阻测试仪等。

3．训练步骤

（1）制作接地体。按图1-26a所示尺寸落料、矫正、加工尖点。

（2）制作接地体连接干线。按图1-26b所示尺寸落料、矫正平直。

（3）安装接地装置。按图1-26c所示在地面画线，定好四支接地体的安装位置。用打桩法逐一将四个接地体垂直打入地面，顶端露出地面合适长度，将四周土夯实。

（4）测量接地电阻，并将测量结果填入表1-10中。

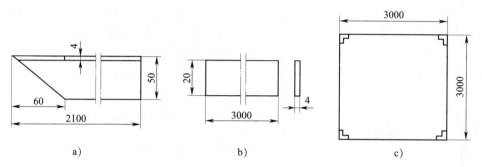

图1-26　接地装置制作和安装图

a）垂直接地体　　b）接地体连接干线　　c）接地网平面图

表1-10　三种方法测量接地电阻比较

测量方法	接地体接地电阻（Ω）				
	1	2	3	4	平均值
万用表法					
接地电阻表法					
接地电阻测试仪法					

4．注意事项

（1）用打桩法安装接地体时，扶持接地体者双手不要紧握接地体，只需把握稳，扶持平直，不要摇摆，否则打入地面的接地体会与土壤之间产生缝隙，增大接地电阻。

（2）电焊焊接接地体与接地干线的连接面时，所有焊接面要平整，焊缝均应焊透。焊接后，要敲去焊渣，检查质量，不合格处要重新焊接。

（3）当利用金属构件、金属管道做接地线时，应在构件或管道与接地干线间焊接金属跨接线。

（4）接地线在穿越墙壁、楼板和地坪处应加套钢管或其他坚固的保护套管，钢套管应与接地线做电气连通。

5．成绩评定

考核内容及评分标准见表1-11。

表 1-11　评分标准表

序号	考核内容	配分	评分标准	扣分	得分
1	接地体制作	20	接地体制作工艺不符合要求，酌情扣 10 ~ 20 分 接地体尺寸不符合要求，酌情扣 5 ~ 10 分		
2	接地体连接干线制作	20	接地体连接干线制作工艺不符合要求，酌情扣 10 ~ 20 分 接地体连接干线尺寸不符合要求，酌情扣 5 ~ 10 分		
3	安装接地装置	30	安装方法不正确，酌情扣 10 ~ 20 分 焊接面不平整，每处扣 10 分 焊缝处有空隙，每处扣 10 分 焊接处留有焊渣，扣 10 分		
4	测量接地电阻	30	不会用万用表测量接地电阻，扣 10 分 不会用接地电阻表测量接地电阻，扣 10 分 不会用接地电阻测试仪测量接地电阻，扣 10 分 表格中测量结果误差超过 20%，每空扣 2 分 （扣分不超过本项配分，下同）		
5	安全文明生产	否定项	严重违反安全文明生产规定，本次考核计 0 分；情节较轻的，酌情在总分中扣 5 ~ 20 分		
6	合计	100			

模块二
架空电力线路的装设

电能是现代工业的主要动力源。随着生产的现代化、生活节奏的加快，社会生活的各个领域也越来越离不开电。一旦电能供应中断，整个社会生活将陷入瘫痪。

由导线、电缆组成的线路是电源和负载之间的电流通道。在电力系统中，室外线路的作用是把电力输送到每个供电和用电环节。线路的结构是非常复杂的，它阡陌交错地构成整个电网。要使各种电力装置能够正常地运行，就必须完善线路功能和确保输配电线路性能的安全可靠。

课题一　架空电力线路基本构件选用与检验

学习目标

1. 了解电杆、金具、绝缘子、导线等架空电力线路基本构件的功能、特点。

2. 能正确选用架空电力线路基本构件，并能正确进行检验。

架空电力线路的构成主要有电杆、金具、绝缘子、导线、基础及接地装置等，如图 2-1 所示。本节主要介绍电杆、金具、绝缘子和导线。

一、电杆

电杆埋在地上支持和架设导线、绝缘子、横担和各种金具，常年日晒雨淋，承受风力，有的电杆还要承担导线的拉力。

在电力线路架设之前，应合理选择电杆，电杆的型号、长度、梢径均应符合设计要求。

电杆按材质分为木电杆、钢筋混凝土电杆和铁塔三种。

木电杆运输和施工方便，价格便宜，绝缘性能较好，但是力学强度较低，使用年限较短，日常的维修工作量偏大。目前除在建筑施工现场作为临时用电架空线路外，其他施工场所中用得不多。

铁塔一般用于 35 kV 以上架空线路上。

钢筋混凝土电杆是用水泥、砂石和钢筋浇制而成。钢筋混凝土电杆的使用年限长，维护费用小，节约木材，在我国城乡 35 kV 及以下架空线路中应用最广泛。

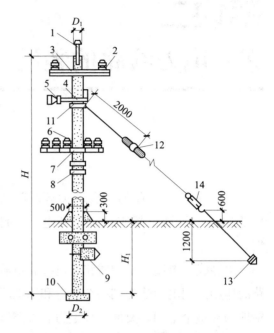

图 2-1　钢筋混凝土电杆装置

1—杆顶支座　2—高压针式绝缘子　3—高压横担
4—螺栓　5—高压悬式绝缘子　6—低压针式绝缘子
7—横担支持铁拉板　8—低压蝶式绝缘子　9—卡盘
10—底盘　11—拉线抱箍　12—拉紧绝缘子
13—拉线盘　14—花篮螺栓

钢筋混凝土电杆多为环形电杆，分为环形钢筋混凝土电杆和环形预应力混凝土电杆两种。预应力混凝土电杆使用的钢筋截面积小，杆身壁薄，可节约钢材，减轻杆的质量，造价也相应降低。因此，在城乡及工矿企业中广泛应用。

低压线路钢筋混凝土电杆绝大部分采用机械化成批生产的锥形杆，梢径一般是 150 mm，锥度是 1/75，杆高为 8 ~ 10 m。

高压线路混凝土电杆大部分也采用锥形杆，梢径一般有 190 mm、230 mm，锥度是 1/75，杆高有 10 m、11 m、12 m、13 m、15 m 几种。13 m 及以下的电杆不分段，15 m 的电杆可以分段，超过 15 m 的电杆一般都分段。

配电线路用的钢筋混凝土电杆要求采用定型产品，电杆的构造应符合国家标准。

环形钢筋混凝土电杆和环形预应力混凝土电杆在安装前，应进行外观检查，且符合下列规定。

（1）电杆表面光洁平整，壁厚均匀，无露筋、跑浆等现象。

（2）放置在地面上检查电杆，杆身应无纵向裂缝，环形预应力混凝土电杆应无横向裂缝，环形钢筋混凝土电杆横向裂缝的宽度不应超过 0.1 mm。电杆横向裂缝会降低电杆整体刚度，增大电杆挠度；电杆纵向裂缝使电杆钢筋易腐蚀，影响运行寿命。

（3）杆身弯曲不应超过电杆杆长的1/1 000。

二、金具

以黑色金属制造的附件和紧固件称为金具，主要是指螺栓、拉线棒和各种抱箍及铁附件等。除地脚螺栓外，金具应采用热浸镀锌制品，以延长使用寿命。

架空电力线路常用金具和拉线金具如图2-2、图2-3所示。

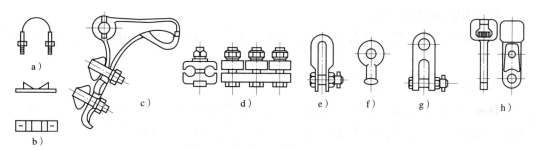

图 2-2　架空电力线路常用金具

a）抱箍　b）M形抱铁　c）耐张线夹　d）并沟线夹　e）U形挂环
f）球头挂环　g）直角挂板　h）碗头挂板

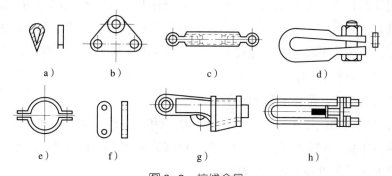

图 2-3　拉线金具

a）心形环　b）双拉线连板　c）花篮螺栓　d）U形拉线挂环　e）拉线抱箍
f）双眼板　g）线夹　h）可调式线夹

10 kV及以下架空电力线路使用的金属附件及螺栓由各地自行加工的较多，有的生产厂未按标准生产或产品质量不高（如螺杆和螺母配合不当），会影响工程进度、质量。在使用前应检查金属附件及螺栓表面，不应有裂纹、砂眼、锌皮脱落及锈蚀等，螺杆与螺母的配合应完好。

为保证安装质量，为安全运行提供良好的条件，各种连接螺栓宜有防松装置。防松装置弹力应适宜，厚度应符合规定。

架空电力线路使用的金具系国家标准产品，出厂时已有严格检查。为保证工程质量，安装前应对其进行外观检查，且应符合下列规定。

（1）表面光洁，无裂纹、毛刺、飞边、砂眼、气泡等缺陷。

（2）线夹转动灵活，与导线接触面符合要求。

（3）镀锌良好，无锌皮脱落、锈蚀现象。

三、绝缘子

绝缘子是用来支持导体并使其绝缘的器件。架空电力线路绝缘子按其使用电压可分为高压绝缘子和低压绝缘子。按结构用途可分为高压线路刚性绝缘子、高压线路悬式绝缘子和低压线路绝缘子。

1. 高压线路刚性绝缘子

高压线路刚性绝缘子有高压线路针式绝缘子、高压线路瓷横担绝缘子、高压线路蝶式绝缘子。

（1）高压线路针式绝缘子

高压线路针式绝缘子用于 6 ~ 35 kV 高压架空输配电线路，安装时用金属丝将高压架空线路导线绑扎在顶槽或侧槽内，用以固定支持导线，并起绝缘作用。

（2）高压线路瓷横担绝缘子

高压线路瓷横担绝缘子用于高压架空输配电线路的绝缘和导线的支持，可以代替目前大量使用的针式、悬式绝缘子，并省去电杆横担。瓷横担绝缘子与针式、悬式绝缘子比较具有下列优点：节约木材、金属，有效地利用杆塔高度，降低线路造价；结构不易击穿，绝缘水平较高；运行安全可靠；瓷件表面易于自洁，有较高的耐雷水平；在线路断线时能自行转动，不致因一处断线而扩大事故等。因为瓷横担绝缘子有上述优点，所以发展很快，产品品种和数量不断增加，应用较广。

高压线路瓷横担绝缘子是一种同时起到横担和绝缘作用的实心绝缘子，由实心瓷件和金属附件组成。它有全瓷式、胶装式、单臂式和 V 形等结构形式。瓷件表面设有伞棱，以增大泄漏距离和提高电气性能。

（3）高压线路蝶式绝缘子

高压线路蝶式绝缘子用于高压架空输配电线路终端杆、耐张杆及转角杆上，作绝缘和固定导线用。同时，也广泛与高压线路悬式绝缘子相配合，作为线路金具中的一个元件，简化金具结构。

蝶式绝缘子是具有两个或多个伞裙和近似圆柱形外形的绝缘子。其上下有发达而对称的伞裙，以确保中部绑扎高压导线后与两端有足够的绝缘。瓷件中央为一个通孔，以穿过螺栓进行安装连接。另外还有一个用来固定导线的圆周槽。高压蝶式绝缘子的中部是承受机电作用的重要部位。由于它有效地利用瓷体抗压强度高的优点，因此具有较高的抗机械破坏强度。

2. 高压线路悬式绝缘子

高压线路悬式绝缘子用于一般工业区高压和超高压输电线路，供悬挂或张紧导线，并使其与塔杆绝缘。悬式绝缘子机电强度高。

3. 低压线路绝缘子

低压线路绝缘子用于工频交流或直流电压 1 000 V 以下的架空电力线路中作绝缘和固定导线用。常用的有低压线路针式绝缘子、低压线路蝶式绝缘子和低压线路线轴式绝缘子三种，一般在产品型号中用 PD（针式）、ED（蝶式）和 EX（线轴式）加以区别。低压线路常用绝缘子如图 2-4 所示。

图 2-4　低压线路常用绝缘子

四、导线

架空电力线路采用的导线一般为裸导线。裸导线是只有导体（如铝、铜、钢等）而不带绝缘保护层的导电线材，常见的裸导线有绞线、软接线和型线等，按外观形态可分为单线、绞线和型线（包括型材）三类。

绞线按其结构可分为四种：简单绞线，由材质相同、线径相等的圆单线同心绞制而成，主要用于强度要求不高的架空电力线路；组合绞线，由导电线材和增强线材组合同心绞制而成，主要用于强度要求较高的架空电力线路；复绞线，由材质相同、线径相等的束（绞）股线同心绞制而成，可用作仪表或电气设备的软接线；特种绞线，由导电线材和不同的增强线材用特种组合方式绞制而成，用于有特种使用要求的架空电力线路。

常用钢芯铝绞线的截面如图 2-5 所示。

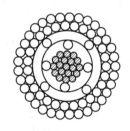

图 2-5　常用钢芯铝绞线的截面

技能训练

1. 训练内容

架空电力线路基本构件选用与检验。

2. 训练器材

架空电力线路常用金具、电工及钳工常用工具及仪表等。

3. 训练步骤

（1）分析现场架空电力线路基本构件的名称、规格、用途和安全使用注意事项。

（2）上网阅读电力线路金具相关检验技术标准，判断各金具是否合格，并填入检验记录表，见表2-1。

表2-1 电力线路金具检验记录表

检验时间：_____　检验地点：_____

金具名称		金具数量	
检验要求	（1）金具一般只进行基本要求和外观检查，必要时进行尺寸检查、镀锌锌层均匀性检查 （2）金具不符合基本要求的任何一项时，应停止检验 （3）外观检查和尺寸检查按抽查试件逐件进行，不符合任何一项要求，则判此金具不合格 （4）在抽查检验中，如果有一件不合格，则在同一批中抽取原抽查量两倍的试件对不合格的项目再进行检查；如果仍有一件不符合要求，则判该批金具不合格；如果基本尺寸或外观质量不符合要求，允许逐件精选后重新交验		
检验方法	（1）金具的外观以目测检查，需要时用测量精度为0.05 mm的量具检测 （2）金具的主要尺寸及加工误差用测量精度为0.05 mm的量具或专用检具测量		
检验项目	**具体规定**	**检验结果**	**备注**
基本要求	（1）提供产品的供方必须是经质量认证合格的定点生产厂 （2）进行进货检验之前应检查产品包装物上的制造厂名称，产品名称、型号、数量、质量是否与购货合同相符 （3）每件包装物内应附有制造厂技术检验部门及检验员印章的产品合格证及必要的技术文件		
外观检查	（1）铸铁外观不允许有裂纹、缩松。重要部件不允许有气孔、渣眼、砂眼及飞边等缺陷。非重要部件允许有直径不大于4 mm、深度不大于1.5 mm的气孔、砂眼，每件不应超过两处，且两处距离不小于25 mm，两处缺陷不能处于内外表面的同一对应位置，且不降低镀锌质量。线夹与导线接触的表面不允许有毛刺和锌刺等缺陷 （2）金具钢制件的剪切、压型和冲孔不允许有毛刺、开裂和叠层等缺陷。气割的切割面应匀整，并倒棱去刺。锻件不允许有过烧、叠层、局部烧熔及氧化、鳞皮等缺陷。焊接件焊缝应为细密、平整的细鳞形，并应封边，咬边深度不大于1 mm。焊缝无裂纹、气孔、夹渣 （3）金具铜、铝件表面光滑、平整、清洁，无裂纹、起泡、起皮、夹渣、压折、气孔、砂眼、严重划伤及分层等缺陷。铜、铝件的电气接触面不允许有碰伤、划伤、斑点、凹坑、压印等缺陷。铜、铝件应清除飞边、毛刺。铜、铝件钻孔应倒棱去刺，铸造孔边缘允许圆角存在 （4）金具紧固件按《电力金具通用技术条件》（GB/T 2314—2008）相关规定执行		

续表

检验项目	具体规定	检验结果	备注
尺寸检查	金具的尺寸检查在必要时进行，属于下列情况之一时，可进行尺寸检查，金具的尺寸检查按受检产品的产品标准执行 （1）供方第一次供货时 （2）发生安装困难时 （3）发现混件时 （4）出现其他可疑情况，需进行金具尺寸检查时		
其他检查	按《电力金具通用技术条件》（GB/T 2314—2008）相关规定执行		
检验结论			
记录人签字			

注：本检验记录表参考某电力系统企业标准《电力金具通用进货检验规程》制定，用于教学实习。

（3）整理技术资料并归档。

4. 注意事项

架空电力线路构件现场检查与验收执行以下标准。

（1）《电力金具通用技术条件》（GB/T 2314—2008）。

（2）《电力金具试验方法》（GB/T 2317—2008）。

5. 成绩评定

考核内容及评分标准见表 2-2。

表 2-2　评分标准表

序号	考核内容	配分	评分标准	扣分	得分
1	认识架空电力线路基本构件	30	不熟悉基本构件名称、用途和使用注意事项，每个扣 5 分		
2	现场金具检验	50	不熟悉金具检验相关技术规范，不会判定金具是否符合现场使用条件，酌情扣 10～50 分		
3	资料归档	20	检验记录表填写不完整，基本构件原始资料收集不完整，其他安装技术资料不完整，酌情扣 10～20 分		
4	安全文明生产	否定项	严重违反安全文明生产规定，本次考核计 0 分；情节较轻的，酌情在总分中扣 5～20 分		
5	合计	100			

课题二 电杆的安装

学习目标

1. 了解电杆的常见类型和用途。
2. 能按照工艺要求正确完成电杆的安装。

安装电杆是架空电力线路施工中重要的一个环节。电杆用于支持架空电线，其被埋在地下，其上安装横担及绝缘子，导线固定在绝缘子上。

一、电杆的分类

电杆按其在电力线路中的作用可分为以下六种类型，见表2-3。

表2-3 电杆的类型及用途

电杆类型	图示	用途	拉线情况
直线杆		广泛用于输电线路中，占全部电杆总数的80%以上。能承受导线及附着物的质量和来自侧面的风力	一般不需要安装拉线
耐张杆		能承受一侧导线的拉力，当线路出现倒杆、断线事故时，能将事故限制在两根耐张杆之间，防止事故扩大。在施工阶段还可分段紧线	四面拉线或顺线路方向"人"字拉线
转角杆		用于线路转角处，能承受两侧导线的合力	按照导线反向拉线或反合力方向拉线

续表

电杆类型	图示	用途	拉线情况
终端杆		用于线路的始端和末端,能承受来自导线一侧的拉力	按照导线反向拉线
分支杆		用于线路分接支线时的支持点,向一侧分支的为T形分支杆,向两侧分支的为十字形分支杆	按照分支线路的对应反力方向拉线
特种杆		用于铁路、交通、通信等特殊行业传输电力	根据实际情况而定

二、电杆定位

电杆定位时应首先根据设计图样检查线路经过的地形、道路、河流、树木、管道和各种建筑物等,分析其对线路的影响,确定线路如何跨越以及大致的方位,然后确定架空电力线路的起点、转角和终点的电杆杆位。线路的首端、终端、转角杆相当于把一条线路分成了几个直线段,要先找好位置,确定下来。无论一个直线段内有几根电杆,都要从一端向另一端逐杆进行定位工作。电杆的定位一般有交点定位法、目测定位法和测量定位法。

1. 交点定位法

一般在道路已确定好,路边也是平直的情况时,线路和电杆的位置就比较容易定位。可按路边的距离和线路的走向及总长度,确定电杆档距(即两根相邻电杆导线悬挂点之间的水平距离)和杆位。为便于高、低压线路及路灯共杆架设及建筑物进线方便,高、低压线路宜沿道路平行架设,电杆距路边为 0.5 ~ 1 m。电杆档距要选择适当。电杆档距选择得越大,电杆的数量就越少。但是档距如果太大,电杆就需要加高,使导线与地面保持足够的距离，保证安全。如果不加高电杆，那就需要把导线拉得很紧。而导线被拉得过紧时，由于风吹等种种原因，又容易断线，所以线路的档距不能太大。

城镇、街道、小区的 10 kV 及以下架空电力线路多采用高、低压及路灯共杆架设方式。由于低压线路间距较小，接户线档距又有距离要求，路灯安装间距也不能太远，因此高压线路应按低压线路确定档距，一般不应大于 50 m。高、低压线路的档距可采用表 2-4 所列数值。每个耐张段的长度不宜大于 2 km。

表 2-4　架空电力线路档距　　　　　　　　　　　　　　　　m

地区	高压	低压	地区	高压	低压
城区	40 ~ 50	30 ~ 45	郊区	50 ~ 100	40 ~ 60
居住区	35 ~ 50	30 ~ 40			

当电气施工图中给出的电杆位置与现场实际无障碍时，则应按设计图样的要求确定电杆的位置；否则，应适当进行调整。

图 2-6 所示为某厂区架空电力线路平面图，在图中已给出 1 号电杆的位置，即距配电室东墙 9 m，电杆位置可首先被确定下来，1 号杆位为首端杆位。由于锅炉房、空压站、配电室的东墙均在同一条建筑物轴线上，10 号电杆杆位可在锅炉房进户横担垂直的方向向东量取 9 m 处，打入 10 号杆标桩，即确定了 10 号杆位。因 10 号杆位是 1 号杆位向北方向的终点，10 号杆位为终端杆位。根据杆距要求和现场实际情况，由首端到终端中间的杆位（如图中的 3 号和 9 号杆位）可用目测法确定杆位。其他线路中的各杆位也可按同样的方法确定。

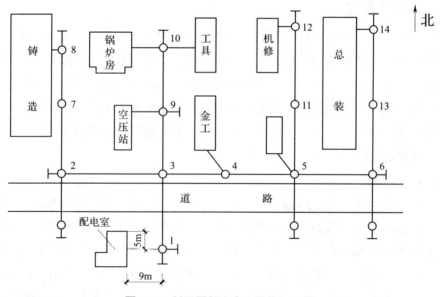

图 2-6　某厂区架空电力线路平面图

2. 目测定位法

以图 2-6 中 1 号杆位向北至 10 号杆位的线路为例，用目测定位法确定 3 号杆位及 9 号杆位。定位置的方法：由两人配合进行，先在 10 号杆位上插好一根花杆并垂直于地面，指挥人员站在 1 号杆位面向花杆，另一人手拿一根花杆，到路边规定的尺寸线上，按指挥人员的手势左右移动花杆，直到与 1 号、10 号杆位在同一条直线上为止，这一点即为 3 号杆位，也称为中间杆杆位。9 号杆位也同法确定。

3. 测量定位法

交点定位法和目测定位法是在架空电力线路施工中确定电杆杆位及拉线坑位较常用的办法。

当线路路径上的地面不平，地下设施较多时，用绝对标高测定杆坑深度及测定坐标位置，即采用测量定位法定位。它可以防止因电杆的高低不平而影响线路架设不平的问题。这种方法比前两种方法精度高，效果好，缺点是进度慢。

无论采用哪种方法定位，每测定一个杆位，应随即在地上打入标桩，并在标桩上编号，然后撒好灰线。如果在杆位处有砂石、土方等，要事先清理。遇到转角杆或终端杆的杆位时，在标桩上要标明，以便确定拉线的锚固位置。

架空电力线路在施工时，受地形、环境、地下管线等的影响较大，因而客观存在着电杆实际定位与设计位置不完全一致的情况。如果超过下述规定的范围，应该修改设计。

直线路顺线路方向位移，35 kV 架空电力线路不应超过设计档距的 1%；10 kV 及以下架空电力线路不应超过设计档距的 3%。直线路横线路方向位移，不应超过 50 mm。

转角杆、分支杆的横线路、顺线路方向的位移均不应超过 50 mm。

电杆的定位直接关系到整个架空电力线路的工程质量。电杆定位除了排除地上、地下障碍以外，要尽量避免电杆引下线过长，还要注意在一条直线线路上的档距应均匀、整齐、美观并安全牢固。

三、挖电杆坑

电杆的基础坑深应符合设计规定。单回路的配电线路中，电杆埋设深度不应小于表 2-5 所列数值。一般电杆的埋设深度基本上可为电杆杆高的 1/10 加 0.7 m。

表 2-5　电杆埋设深度　　　　　　　　　　　　　　　　　　　　　　　m

杆高	8	9	10	11	12	13	15
埋设深度	1.50	1.60	1.70	1.80	1.90	2.00	2.30

1. 电杆坑的种类

无底盘的用汽车吊立杆的水泥杆坑，通常开挖成圆形坑。圆形坑的土方量小，对电杆的稳定性也好，施工方便。用人力和抱杆等工具立杆的，应开挖成带有马道的梯形坑。主杆中心线在设计杆位的中心，马道应开挖在立杆的一侧。拉线坑应开挖在标定拉线桩位处，其中心线及深度应符合设计要求。在拉线引入一侧应开挖斜槽，以免拉线不能伸直，影响拉力。

2. 挖电杆坑的方法

（1）汽车驱动螺旋挖坑法

汽车驱动螺旋挖坑法是用一种螺旋挖土机挖坑，动力由汽车供给，其优点是省力、快速。但施工现场地面要平整，土质坚硬，在土质松软的地方不能使用。

（2）半机械化挖坑

半机械化挖坑即人工把挖地机口对准杆位，3～4人即可推转，挖出土。

用汽车或半机械化挖坑，适合于挖圆坑。若要挖梯形坑，需要按梯台的深度和宽度尺寸移动车位或挖土机位，这就影响挖坑的效率。

（3）人工挖坑

人工挖坑即由人用铁锹、镐等工具挖，挖圆坑时最好用圆板锹挖成圆洞，以求不破坏或少破坏土质的原有紧密性。

四、基础埋设

当电杆基础坑深度符合要求时，即可以安装底盘。底盘就位时，用大绳拴好底盘，立好滑板，将底盘滑入坑内。圆形坑应用汽车吊等起重工具吊起底盘就位，电杆底盘就位后，用线坠找好杆位中心，将底盘放平、找平。底盘的圆槽面应与电杆中心线垂直，然后应填土夯实至底盘表面。在线路工程中普遍采用钢模现浇底盘，既可以节约材料，又容易保证质量。支模板时应符合基础设计尺寸的规定。模板支好后，将搅拌好的混凝土倒入坑内，再找平、拍实。当不用模板进行浇筑时，应采取措施，以防止泥土等杂物混入混凝土中。

五、立杆

电杆竖立一般有起重机竖杆、两脚或三脚立杆架竖杆、叉杆竖杆等多种方法。

1. 起重机竖杆

这种竖杆方法既安全又效率高。竖杆前先在离电杆根部 1/2～2/3 处结一根起吊钢丝绳，再在离杆顶 500 mm 处临时结三根牵绳（又称调整绳）和一根脱落绳，以待校正电杆用。

起吊时，由两个人在坑边负责电杆根部进坑，另有三人各拉一根牵绳，以坑为中心站成三角形，由一人指挥。当电杆吊离地面约 200 mm 时，将杆根部移至杆坑口，电杆再继续起吊，接着使电杆一边竖直，一边伸入坑内。同时，利用校正牵绳朝电杆竖直方向拖拉，以加快电杆竖直。当电杆接近竖直时应停吊，并缓缓地停放吊绳，同时校正电杆。当电杆完全入坑后，应进一步校正电杆。电杆的起吊和校正方法如图 2-7 和图 2-8 所示。

图 2-7 用起重机起吊电杆

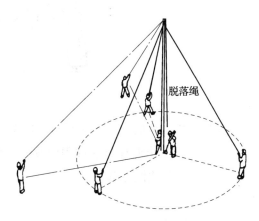

图 2-8 电杆的校正

2. 立杆架竖杆

这是一种较简易的竖杆方法。它主要依靠装在立杆架上的绞盘机构、滑轮和钢丝绳等来竖杆。立杆架有两脚和三脚两种，如图 2-9 和图 2-10 所示。

图 2-9 两脚立杆架

图 2-10 三脚立杆架

三脚立杆架的竖杆方法：以杆坑为中心，首先竖起三脚立杆架；当立杆架完全立直后，在距杆根（$0.4h \pm 0.5$）m（式中，h 为立杆高度）处结一根起吊钢丝绳，离杆顶 500 mm 处结三根牵绳和一根脱落绳；然后用立杆架上的吊钩钩住起吊钢丝绳，摇动绞盘机构，把电杆吊起；当电杆吊直后，再把电杆根部对准杆坑，反摇绞盘机，使电杆根部插入杆坑；最后，校正电杆。

3．叉杆竖杆

短于 8 m 的混凝土杆和高于 8 m 的木杆可用叉杆竖杆。叉杆竖杆的方法如图 2-11 所示。

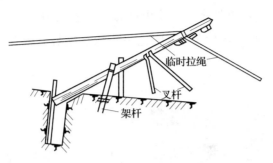

图 2-11　叉杆竖杆

先将杆根移至坑边，正对马道，坑壁竖一块木滑板；电杆顶部结两根或三根拉绳，以控制杆身，防止电杆竖立过程中倾倒；然后，让杆根抵住木滑板抬起杆顶，用叉杆交替进行，电杆逐渐立起。

六、埋杆

当电杆竖起并调整好后，即可将挖出的土填回坑内，边填边夯实。夯实时应在电杆两侧交叉进行，以防挤动杆位。多余的土应堆在电杆根部周围形成土台，最好高出地面 300 mm 左右。

 技能训练

1．训练内容

绘制架空电力线路平面图。

2．训练器材

室外测量长度工具、绘图工具。

3．训练步骤

（1）在校园内进行测绘，确定从配电室到各用户的距离和线路走向。

（2）根据现场实际情况和电杆档距要求确定杆位。

（3）根据测绘情况绘制架空电力线路平面图。

4．注意事项

注意电杆的布局要合理，要有施工的可行性。

5．成绩评定

考核内容及评分标准见表 2-6。

表 2-6　评分标准表

序号	考核内容	配分	评分标准	扣分	得分
1	线路测绘	30	测绘方法不正确，酌情扣10～30分		
2	电杆的定位	30	电杆选位不合理，一处扣10分		
3	绘图	40	绘制的平面图不符合要求，酌情扣10～40分		
4	安全文明生产	否定项	严重违反安全文明生产规定，本次考核计0分；情节较轻的，酌情在总分中扣5～20分		
5	工时	0	100 min，超时扣10分		
6	合计	100			

课题三　拉线的制作及安装

学习目标

1. 了解拉线的常见类型和功能。
2. 能按照工艺要求正确完成拉线的制作及安装。

　　立好电杆后，紧接着要做好拉线安装工作。拉线的作用是平衡电杆各方向的拉力，防止电杆弯曲或倾斜。因此，在承受不平衡拉力的电杆上均须装设拉线，以达到平衡的目的。另外，为了防止强大风力和覆冰荷载的破坏影响，或为了增强在土质松软地区线路电杆的稳定性，在直线杆线路上每隔一定距离（一般间隔10根电杆）装设防风线或增强线路稳定性的拉线。如果由于受地形的限制无法装设拉线，也可用顶（撑）杆代替。

　　拉线的制作与安装应符合《电气装置安装工程—66 kV 及以下架空电力线路施工及验收规范》（GB 50173—2014）。

一、拉线的类型

拉线应根据电杆的受力情况装设。电杆拉线有普通拉线、两侧拉线、水平拉线、共同拉线、Y形拉线、弓形拉线、交叉拉线等，如图2-12所示。

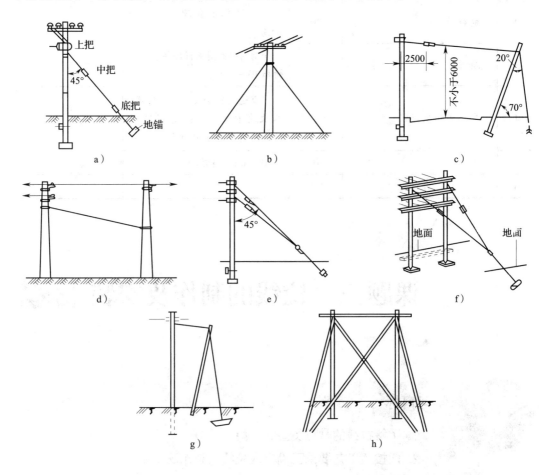

图2-12　拉线的类型
a）普通拉线　b）两侧拉线　c）水平拉线　d）共同拉线　e）垂直Y形拉线
f）水平Y形拉线　g）弓形拉线　h）交叉拉线

1. 普通拉线

普通拉线也叫承力拉线，用在架空电力线路的终端杆、转角杆、耐张杆等处，主要起拉力平衡作用。拉线与电杆的夹角宜取45°，如果受地形限制可适当减小，但不应小于30°。

架空电力线路转角在45°及以下时，在转角杆处仅允许装设分角拉线；架空电力线路转角在45°以上时，应装设顺线型拉线；耐张杆装设拉线时，如果电杆两侧导线截面相差较大，应装对称拉线。

2. 两侧拉线

两侧拉线又称为人字拉线或防风拉线，装设在直线杆的横线路的两侧，用以增强电杆抗风能力。防风拉线应与线路方向垂直，拉线与电杆的夹角宜取45°。

3. 水平拉线

由于电杆距离道路太近，不能就地安装拉线或需要跨越其他障碍时采用水平拉线（又称为过道拉线），即在道路的另一侧立一根拉线杆，在此杆上做一条过道拉线和一条普通拉线，过道拉线应保持一定的高度，以免妨碍人和车辆的通行。过道拉线在跨越道路时，拉线对路边的垂直距离不应小于4.5 m，对行车路面中心的垂直距离不应小于6 m；跨越电车行车线时，对路面中心的垂直距离不应小于9 m。拉线杆倾角宜取10°～20°，杆的埋设深度可为杆长的1/6。

4. 共同拉线

在直线线路电杆上产生不平衡拉力，或因地形限制不能装设普通拉线时，可采用共同拉线，即将拉线固定在相邻的电杆上，用以平衡拉力。

5. Y形拉线

Y形拉线分为垂直Y形和水平Y形拉线两种。垂直Y形拉线就是在垂直面上拉力合力点上下两处各安装一条拉线，两条拉线可以各自与拉线底把相连，也可以合并为一根拉线与拉线底把相连，如同"Y"字形。

水平Y形拉线用于H杆，两条拉线上端各自连到两单杆的合力点，其下部合并成一根拉线与拉线底把相连，也可把两根拉线各自连接到拉线的底把。它主要用在高度较高、横担较多、架设较多导线的电杆上。

架空电力线路为双横担，高压与高压或高压与低压同杆架设时，应装Y形拉线；如果是低压与低压同杆架设，且导线截面在50 mm²及以下时，可不必装Y形拉线，而只装一组普通拉线。Y形拉线拉线盘的埋设深度不宜小于1.2 m。

6. 弓形拉线

弓形拉线又称为自身拉线，常用于木电杆上。为了防止电杆弯曲，因受地形限制不能安装普通拉线时，可采用弓形拉线，此时电杆的卡盘（地中横木）要适当加强。弓形拉线两端拴在电杆的上下两处，中间用拉线支撑顶在电杆上，如同弓形。

7. 交叉拉线

交叉拉线又称为撑（顶）杆拉线。因受地形环境限制不能装设拉线时，允许采用撑（顶）杆拉线。撑（顶）杆埋设深度为1 m，杆的底部应垫底盘或石块，撑（顶）杆与主杆之间的夹角以30°为宜。

二、拉线的制作及安装

1. 埋设拉线盘及底把

（1）检查拉线坑是否符合要求。

（2）埋设拉线盘及底把，如图 2-13 所示。装配找正后埋入拉线坑内，填土夯实，最后堆土 300 mm 高。

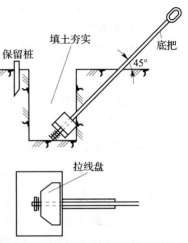

应注意，预制混凝土拉线盘表面不应有蜂窝、露筋、裂缝等缺陷，强度应满足设计要求。

2. 拉线制作要点

（1）测量并下料

测量拉线长度，确定下料长度并下料。

（2）制作拉线环

拉线环的制作方法如图 2-14 所示。制作材料是

图 2-13 埋设拉线盘及底把

较硬的钢绞线。在用手弯曲钢绞线时要注意钢绞线的弹力，以防伤人。

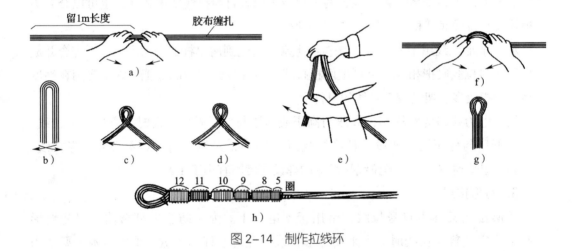

图 2-14 制作拉线环

登杆将钢绞线的一端穿入拉线抱箍的心形环内，做成拉线环，即成为上把。上把的固定方法有两种：缠绕法和楔形线夹法，如图 2-15 所示。

应注意，拉线抱箍、U 形线卡、花篮螺栓、心形环、钢线卡等表面应光洁，无裂纹、毛刺、飞边、砂浆眼、气泡等缺陷。采用热锻锌，无剥落、锈蚀现象。

（3）制作底把

底把（下把）固定方法有缠绕法、楔形 UT 线夹法和花篮螺栓法。

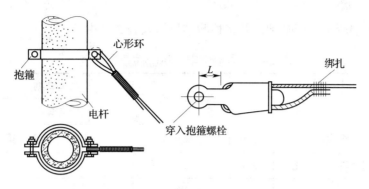

图 2-15　上把的固定方法

先将 1 m 长的 8 号铁丝的一端与拉线棒系牢，另一端插入紧线器内固定好，然后转动紧线器手柄缠动铁丝，将拉线撑紧，并使杆头向拉线侧偏移 1 ~ 1.2 个电杆梢径。这时将钢绞线穿入拉线棒端环上的心形环内，用与制作上把相同的方法将拉线下把制作完成，如图 2-16 所示。下把绑扎如图 2-17 所示。

应注意，拉线主线用的铁丝直径不应小于 4 mm；缠绕用的铁丝直径不应小于 3.2 mm。

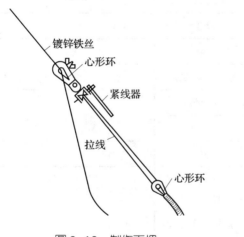

图 2-16　制作下把

图 2-17　下把绑扎

 技能训练

1. 训练内容

（1）混凝土电杆基础检查。

（2）制作拉线。

2. 训练器材

镀锌铁丝、电工工具等。

3．训练步骤

（1）检查混凝土电杆基础，并将检测结果填入表 2-7 中。

表 2-7　混凝土电杆基础检查记录表

设计桩号		杆塔型		施工基面		施工日期	年　月　日
		基础型				检查日期	年　月　日
序号	检查项目		性质	质量标准		检查结果	
1	预制件规格、数量		关键	符合设计要求			
2	预制件强度		关键	设计值：		试块强度：　　　　MPa	
				符合设计要求		试验报告编号：	
3	拉环、拉棒规格数量		关键	符合设计要求			
4	底盘埋深（mm）		关键	设计值：+100，-50		左　　　　右	
5	拉盘埋深（mm）		关键	设计值：+100		A B C D E F G L	
6	底盘高差		关键	±20		左　　　　右	
7	整基基础中心位移	顺线路	关键	50			
		横线路		50			
8	回填土		关键	符合验收规范			
9	根开尺寸（mm）		一般	设计值：±20			
10	迈步		一般	30			
11	拉线盘中心位移		一般	沿拉线方向，其左、右：1%L			
				沿拉线方向，其前、后：1°			
12	拉线棒		外观	拉线棒无弯曲、锈蚀，角度方向一致整齐			
备注	1.底盘高差以立杆后横担安装孔高差为准 2.L为拉线盘中心至拉线挂点的水平距离 3.拉线基础的尺寸不允许有负偏差					检查结论	
现场技术负责人		专职质检员		总包专业工程师		监理工程师	

（2）拉线制作

1）测量拉线长度，下料。

2）制作拉线环。

3）制作拉线下把。

4. 注意事项

弯曲钢绞线时要注意弹力，防止伤人。

5. 成绩评定

考核内容及评分标准见表2-8。

表2-8 评分标准表

序号	考核内容	配分	评分标准	扣分	得分
1	检查混凝土电杆基础	30	检查结果不符合要求，酌情扣10～30分		
2	拉线下料	20	下料尺寸不正确，酌情扣10～20分		
3	制作拉线环	30	拉线环制作不符合要求，酌情扣10～30分		
4	制作拉线下把	20	拉线下把制作不符合要求，酌情扣10～20分		
5	安全文明生产	否定项	严重违反安全文明生产规定，本次考核计0分；情节较轻的，酌情在总分中扣5～20分		
6	工时	0	100 min，超时扣10分		
7	合计	100			

课题四　登杆与横担及绝缘子的安装

学习目标

1. 认识常用的登高作业工具。

2. 了解横担的主要类型和功能。

3. 能安全、熟练地完成登高作业。

4. 能按照工艺要求正确完成横担及绝缘子的安装。

一、横担的种类

横担按材料划分有木横担、铁横担、瓷横担三种。目前，主要使用铁横担和瓷横担，木横担已极少使用。横担的种类如图 2-18 所示。

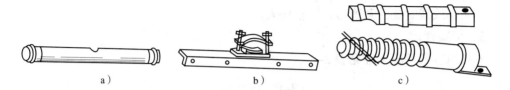

图 2-18　横担的种类
a）木横担　b）铁横担　c）瓷横担

二、横担的安装

架空电力输配电线路 15° 以下的转角杆和直线杆宜采用单横担；15° ~ 45° 的转角杆宜采用双横担；45° 以上的转角杆宜采用十字横担。

线路横担安装时，直线杆应装在受电侧；终端杆、转角杆、分支杆以及导线张力不平衡处的横担应装在张力的反向侧；直角杆多层横担应装设在同一侧。横担的安装如图 2-19 所示。

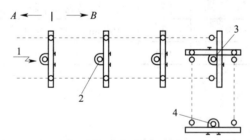

图 2-19　横担的安装
A—供电侧　B—受电侧
1—电源　2—直线杆　3—转角杆　4—终端杆

架空电力线路导线采用三角排列的优点较多：结构简单、便于施工和运行维护，电杆受力均匀，增大了线间距离，提高了线路安全运行的可靠性，并利于带电作业，还可利用顶线配合其他措施便于线路的防雷保护。高压线路的导线应采用三角排列或水平排列，双回路线路同杆架设时，宜采用三角排列或垂直三角排列；低压线路的导线宜采用水平排列。

横担的安装应根据架空电力线路导线的排列方式而定。

钢筋混凝土电杆一般使用 U 形抱箍安装横担。对于安装水平排列导线的横担，应在杆顶向下 200 mm 处安装 U 形抱箍。用 U 形抱箍从电杆背部抱过杆身，抱箍螺扣部分应置于受电侧；在抱箍上安装好 M 形抱铁，在 M 形抱铁上再安装横担。在抱箍两端各加一个垫圈用螺母固定，先不要拧紧螺母，以留有调节的余地，待全部横担装上后再逐个拧紧螺母。

电杆导线进行三角排列时，杆顶支持绝缘子应使用杆顶支座抱箍。在杆顶向下 150 mm 处使用 A 形支座抱箍时，应将角钢置于受电侧。将抱箍用 M16×70 方头螺栓穿过抱箍安装孔，用螺母拧紧固定。安装好杆顶抱箍后，再安装横担。横担的位置由导线的排列方式来决定。导线采用正三角排列时，横担距离杆顶抱箍为 0.8 m；导线采用扁三角排列时，横担距离杆顶抱箍为 0.5 m。

横担和杆顶支座的组装，如图 2-20 所示。

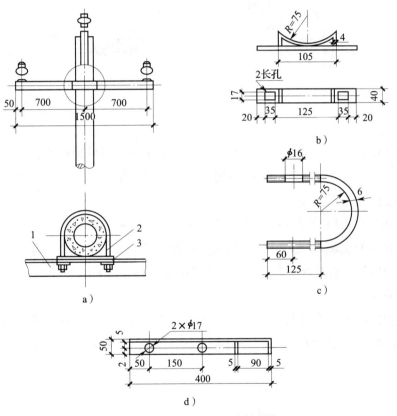

图 2-20　横担和杆顶支座的组装

a）电杆与横担组装大样　b）M 形抱铁　c）U 形抱箍　d）杆顶支座

1—横担　2—抱箍　3—垫铁

三、绝缘子安装

在安装绝缘子时，应清除表面灰土、附着物及不应有的涂料，还应根据要求进行外观检查和绝缘电阻测量。

　　用于架空电力线路中间直线杆上的针式绝缘子安装比较简单，拧下固定于铁脚上的螺母，将铁脚插入横担的安装孔内，加弹簧垫圈，用螺母拧紧即可，绝缘子顶部导线应顺线路放置，如图 2-21 所示。

　　低压架空电力线路耐张杆、分支杆及终端杆应采用低压线路蝶式绝缘子。蝶式绝缘子使用曲形铁拉板与横担固定，如图 2-22 所示。

图 2-21　安装绝缘子

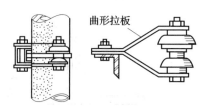

图 2-22　低压线路蝶式绝缘子安装

　　绝缘子的组装方式应防止瓷裙积水。耐张绝缘串上的弹簧销子、螺栓及穿钉应由上向下穿。当有特殊困难时，可由内向外或由左向右穿入。悬垂串上的弹簧销子、螺栓及穿钉应向受电侧穿入。

　　安装绝缘子采用的闭口销或开口销不应有断裂、裂缝等现象。工程中，使用闭口销比开口销具有更多的优点。闭口销装入时能自动弹开，不需将销尾弯成 45°，拔出销子也比较容易，它具有可靠、带电装卸灵活的特点。当采用开口销时，应对称开口，开口角度应为 30°~ 60°。

　　瓷横担绝缘子安装如图 2-23 所示。绝缘子在直立安装时，顶端顺线路歪斜不应大于 10 mm；在水平安装时，顶端宜向上翘起 5°~ 15°，顶端顺线路歪斜不应大于 20 mm。

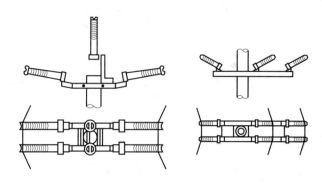

图 2-23　瓷横担绝缘子安装

转角杆安装瓷横担绝缘子时，顶端竖直安装的瓷横担支架应安装在转角的内角侧（瓷横担绝缘子应装在支架的外角侧）。

全瓷式瓷横担绝缘子的固定处应加软垫。工程中严禁用线材或其他材料代替闭口销或开口销。

 ## 技能训练

1. 训练内容

登杆和安装横担及绝缘子。

2. 训练器材

横担、绝缘子、电工工具、拉绳、脚扣、安全带、吊篮等。

3. 训练步骤

选择不带电的电杆练习，所有人分组轮换进行。

（1）操作者用脚扣上杆，绑扎好安全带。

（2）用拉绳将横担系上电杆，使用工具将横担安装在指定部位。

（3）操作者下杆休息，另换一人上杆将绝缘子安装在横担上。

（4）检查无误后下杆。

4. 注意事项

（1）先检查脚扣、安全带是否完好。

（2）操作要在教师的保护下进行，特别注意人身安全。

5. 成绩评定

考核内容及评分标准见表2-9。

表2-9　评分标准表

序号	考核内容	配分	评分标准	扣分	得分
1	上下电杆	30	上下电杆动作不规范，酌情扣10～30分		
2	安装横担	30	安装横担不符合要求，酌情扣10～30分		
3	安装绝缘子	40	安装绝缘子不符合要求，酌情扣10～40分		
4	安全文明生产	否定项	严重违反安全文明生产规定，本次考核计0分；情节较轻的，酌情在总分中扣5～20分		
5	工时	0	45 min，超时扣10分		
6	合计	100			

课题五　线路的架设与验收

学习目标

1. 能正确完成线路的架设操作。
2. 了解架空电力线路竣工验收的检查内容和测试要求。

一、线路架设

架线是由放线、挂线和紧线三个工序组成的，这三个工序同时进行。

1. 放线

放线需按线轴或导线盘缠的反方向进行，线轴或导线盘必须立放，严禁倒放。导线不允许出现打扭或拧成麻花状。

2. 挂线

挂线的步骤：一是把非紧线端的导线固定在横担上的终端绝缘子上；二是把导线挂在其他直线杆的横担上。导线在绝缘子上的绑扎是用与导线规格相同的单股裸导线。

在直线杆上挂线的方法：先在杆上扎好安全带，然后将小绳放下，杆下人将导线用小绳系好，杆上人将小绳上的导线通过滑轮提上杆进行挂线。

3. 紧线

（1）准备工作

1）检查导线有无损伤、交叉混淆，线路周围有无影响紧线工作的障碍物等。

2）检查紧线工具是否备齐，是否有卡住等情况。

3）检查耐张段内拉线是否齐全牢固，地锚、底把有无松动。

4）逐级检查导线是否悬挂在轮槽内。

5）观察导线弧垂的人员是否到指定地点并做好准备。

（2）紧线操作

1）操作人员登杆塔后，将导线末端穿入紧线杆塔上的滑轮，再将导线端头顺延在地上，然后用牵引绳将其拴好，如图2-24所示。

2）紧线前将与导线规格对应的紧线器预先挂在与导线对应的横担上，同时将耐张线夹及其附件、绑线、铝包带、工具等用工具袋带到杆上挂好。

图 2-24　穿线操作

3）准备就绪后便启动牵引装置慢慢紧线。

4）弧垂可用目测观察。先选择 1～3 个标准档距，在该档两端的杆塔上，从挂线处量出规定的弧垂值，在该处各绑一块木板；当紧线达到两块木板的连线时，弧垂达到规定值，停止牵引。

4．导线在绝缘子上的固定

架空电力线路的导线在针式、蝶式绝缘子上的固定，通常采用绑线缠绕法。

绑线材料规格与导线相同，铜绑线的直径应为 2.0～2.6 mm，铝镁合金导线应使用 $\phi 2.6～3$ mm 的铝绑线。

绑线缠绕方式通常有顶扎法和颈扎法两种。直线杆常采用顶扎法，如图 2-25 所示。在绑扎处的导线上缠绕铝包带（铜线不用缠铝包带），把绑线绕成一个圆盘，留出一个短头，长度约 250 mm。第一步，把短头在导线上顺时针绕三圈，如图 2-25a 所示（顺时针是指从右向左看，如缠绕箭头所示方向）；第二步，用盘起的一端，沿绝缘子颈内侧向右绕到导线下面，再沿导线表面从右向左绕到导线的左边（图 2-25b）；第三步，从绝缘子颈内（下面）向右绕到导线右边的上端，再沿导线表面从右向左绕到导线的左边（图 2-25c），这时在导线表面形成了十字交叉；第四步，用盘起的一端绑扎线绕绝缘子颈内（上端）从左向右绕到导线右边，这时要按顺时针方向绕导线三圈（图 2-25d）。然后根据实际需要，重复上述方法再绑一个十字或几个十字

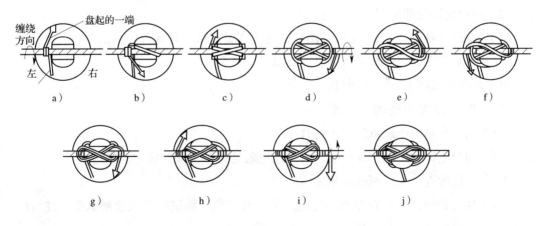

图 2-25　顶扎法操作步骤

（图 2-25e～i），一直到图 2-25j 所示那样短头和盘起的一端相遇，在绝缘子外侧中间拧一小辫，将多余绑线长度剪去，将小辫压平即可。

颈扎法常在转角杆上应用。首先，在绑扎处的导线上绑缠铝包带（铜线不用缠铝包带）；然后，把绑线盘成一个圆盘，在绑线的一端留出一个短头，长度约 250 mm。其操作方法同顶扎法。

二、竣工验收

1. 架空电力线路的竣工验收检查

（1）隐蔽工程验收检查

隐蔽工程是指竣工后无法检查的施工项目，如基础坑深及地基处理情况，电杆底盘、卡盘、拉线盘及拉线棒等预埋件的规格、尺寸、数量、安装位置与组装质量，导（地）线的连接情况，修补处线股的损伤情况，接地体的埋设情况等。这些施工项目都应有完整、合格的施工记录。

（2）中间验收检查

中间验收检查是指施工班组完成了一个或数个分部项目（基础、杆塔竖立、架线、接地等）后进行的验收检查，如电杆竖立后的倾斜，各部件的规格及组装质量，拉线的方位、安装质量及受力情况，架线后的弧垂，线路对建筑物的接近距离及导线对地和跨越物的距离，绝缘子串的倾斜及瓷横担的偏斜，金具的规格及连接质量，接地电阻的现场测试。

（3）竣工验收检查

竣工验收检查是指全线或其中一段各工序全部结束后进行的全面验收检查。除中间验收检查外，尚须检查下列各项。

1）中间验收检查中有关问题的处理情况。

2）障碍物的处理情况。

3）原设计图样、修改施工设计图样及施工现场记录，各元件的测试资料或试验报告，各有关协议文件等资料是否齐全、正确。

4）是否有遗留未完成的项目。

2. 架空电力线路的竣工测试

（1）测量线路的绝缘电阻是否符合要求。

（2）测量电杆和过电压保护装置的接地电阻是否符合保护规程的规定。

（3）相位检查：线路两端的相位应一致。

（4）冲击合闸试验：在线路额定电压下，对空载线路进行三次合闸试验。在合闸试验中，线路绝缘不应有损坏。

技能训练

1．训练内容

导线在绝缘子上的固定。

2．训练器材

铝绞线、绝缘子、电工工具、拉绳、脚扣、安全带等。

3．训练步骤

选择不带电的电杆练习，所有人分组轮换进行。

（1）几组操作者分别用脚扣上杆，绑扎好安全带。

（2）操作者分别用拉绳将铝绞线系上电杆，如图2-26所示。

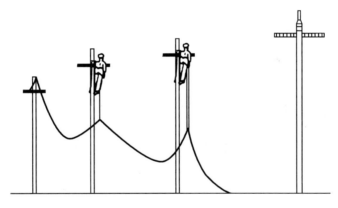

图2-26　拉线上杆

（3）将铝绞线收紧后，使用工具将铝绞线固定在瓷绝缘子上。

（4）检查无误后下杆。

4．注意事项

（1）先检查脚扣、安全带是否完好。

（2）操作要在教师的保护下进行，要特别注意人身安全。

5．成绩评定

考核内容及评分标准见表2-10。

表2-10　评分标准表

序号	考核内容	配分	评分标准	扣分	得分
1	上下电杆	30	上下电杆动作不规范，酌情扣10～30分		
2	架线	30	架线不符合要求，酌情扣10～30分		

续表

序号	考核内容	配分	评分标准	扣分	得分
3	导线绑扎	40	导线绑扎不符合要求，酌情扣 10 ~ 40 分		
4	安全文明生产	否定项	严重违反安全文明生产规定，本次考核计 0 分；情节较轻的，酌情在总分中扣 5 ~ 20 分		
5	工时	0	90 min，超时扣 10 分		
6	合计	100			

模块三
电缆施工

课题一　电缆施工基本技能

学习目标

1. 了解电缆的功能、结构和规格。
2. 了解电缆敷设的检查方法。
3. 掌握电缆敷设的基本工艺。
4. 能完成电缆检查、升温、牵引等基本操作。

一、电缆的基本结构

电缆的基本结构一般包括导电线芯、绝缘层和保护层三个主要部分，如图 3-1 所示。

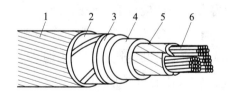

图 3-1　电缆结构
1—沥青、麻护层　2—钢带铠装　3—塑料护套
4—铝包护层　5—纸包护层　6—导电线芯

1. 导电线芯

导电线芯的作用是传输电流，具有高的导电性、一定的抗拉强度和伸长率等。通常，导电线芯由软铜或铝的多股绞线制成，这样制成的电缆比较柔软、易弯曲。

我国制造的导电线芯的标称截面积有以下几种：1 mm²、1.5 mm²、2.5 mm²、4 mm²、

$6 \ \mathrm{mm}^2$、$10 \ \mathrm{mm}^2$、$16 \ \mathrm{mm}^2$、$25 \ \mathrm{mm}^2$、$35 \ \mathrm{mm}^2$、$70 \ \mathrm{mm}^2$、$95 \ \mathrm{mm}^2$、$120 \ \mathrm{mm}^2$、$150 \ \mathrm{mm}^2$、$185 \ \mathrm{mm}^2$、$240 \ \mathrm{mm}^2$、$300 \ \mathrm{mm}^2$、$400 \ \mathrm{mm}^2$、$500 \ \mathrm{mm}^2$、$625 \ \mathrm{mm}^2$、$800 \ \mathrm{mm}^2$。

2. 绝缘层

绝缘层的作用是将导电线芯与相邻导体以及保护层隔离，用来抵抗电力电流、电压、电场对外界的作用，保证电流沿线芯方向传输。绝缘的好坏直接影响电缆运行的质量。

电缆的绝缘材料分为均匀质和纤维质两种。均匀质有橡胶、沥青、聚乙烯、聚氯乙烯、交联聚乙烯、聚丁烯等；纤维质有棉、麻、丝、绸、纸等。

3. 保护层

保护层是为使电缆适应各种使用环境的要求，而在绝缘层外面所施加的保护覆盖层。其主要作用是保护电缆在敷设和运行过程中，免遭机械损伤和其他因素的破坏（如水、日光、生物、火灾等），以保持长时间稳定的电气性能。所以，电缆的保护层直接关系到电缆的使用寿命。

电缆一般用重型护层，主要有金属护层、橡塑护层、组合护层三类。重型护层一般由内护层和外护层组成。内护层一般是金属套、非金属套或组合套等组成。外护层是包裹在内护层外面，保护电缆免受机械损伤和腐蚀的保护覆盖层。

二、电缆的选择

电缆截面积一般按电缆长期允许载流量和允许电压损失来确定。为了保证电缆的使用寿命，并考虑环境温度的变化，要求电缆导体的使用温度不得超过长期允许工作温度。

电缆型号应根据环境条件、敷设方式、用电设备的要求和产品技术数据等因素来确定，以保证电缆的使用寿命。一般应按下列原则考虑。

（1）在一般环境和场所内，宜采用铝芯电缆；在振动剧烈和有特殊要求的场所，应采用钢芯电缆；规模较大的重要公共建筑，宜采用铜芯电缆。

（2）埋地敷设的电缆，宜采用有外护层的铠装电缆；在无机械损伤可能的场所，也可采用塑料护套电缆或带外护层的铅（铝）包电缆。

（3）在可能发生位移的土壤中（如沼泽地、流沙、大型建筑物附近）埋地敷设电缆时，应采用钢丝铠装电缆，或采取措施（如预留电缆长度，用板桩或排桩加固土壤等）消除因电缆位移作用在电缆上的应力。

（4）在有化学腐蚀或杂散电流腐蚀的土壤中，不宜埋地敷设电缆。如果必须埋地时，应采用防腐型电缆或采取措施防止杂散电流腐蚀电缆。

（5）敷设在管内或排管内的电缆宜采用塑料护套电缆，也可采用裸铝装电缆或特殊加厚的裸铅包电缆。

（6）三相四线制系统中应采用四芯电力电缆，而不能采用三芯电缆再加一根单芯电缆或以导线、电缆金属护套作为中性线。如果采用三芯电缆加一根导线的形式，当三相负荷不平衡时，相当于单芯电缆的运行状态，容易引起工频干扰，在金属护套和铠装电缆中，由于电磁感应还将产生电压和感应电流而发热，造成电能损失。对于裸铠装电缆，还会加速金属护套和铠装层的腐蚀。

三、电缆敷设前的检查

（1）电缆敷设前应核对电缆的型号、规格是否与设计相符，并检查是否有有效的试验合格证。如果没有有效合格证，应做必要的试验，合格后方可使用。

（2）敷设前应对电缆进行外观检查，检查电缆有无损伤和两端的封铅状况。如果怀疑油浸纸绝缘电缆受潮，可进行潮气检验。其检查的方法是将电缆锯下一段，将绝缘纸一层一层剥下，浸入 140 ~ 150 ℃绝缘油中。如果绝缘纸有潮气，油中将泛起泡沫；绝缘纸受潮严重时，油内还会发出"咝咝"声，甚至"噼啪"的爆炸声。

小提示

> 必须用在油中浸过的尖嘴钳头夹绝缘纸，再放入油中。避免人手或其他物品接触过的绝缘纸浸入热油中而造成错误判断。潮气试验应从外到里分别试验炭黑纸、统包纸、芯填料、相绝缘纸及靠近线芯的绝缘纸和导电芯线。

（3）在电缆线路敷设、安装的转弯处，为防止因弯曲过度而损伤电缆，规定了电缆允许的最小弯曲半径。例如，多芯纸绝缘电缆的弯曲半径不应小于电缆外径的 15 倍，多芯橡塑铠装电缆的弯曲半径不应小于电缆外径的 8 倍等。进行人工放电缆时，应遵循上面的允许弯曲半径，不能因施工将电缆损坏。

四、电缆升温方法

在低温情况下敷设电缆将损伤电缆的绝缘层和外护层。当电缆存放地点在敷设前 24 h 内平均温度低于表 3-1 所列允许敷设最低温度时，应将电缆升温。

电缆升温的方法有以下两种。

（1）采用提高周围空气温度的方法升温。当空气温度为 5 ~ 10 ℃时，需要 72 h；空气温度为 25 ℃时，需要 24 ~ 36 h。

（2）采用电流通过电缆线芯的方法升温。升温电流不应大于电缆的额定电流，升温后电缆表面温度不得低于 5 ℃。用单相电流升温铠装电缆时，应采用能防止在铠装内形成感应电流的电缆芯连接方法。

表 3-1 电缆允许敷设最低温度

电缆类型	电缆结构	允许敷设最低温度（℃）
油浸纸绝缘电力电缆	充油电缆	-10
	其他油纸电缆	0
橡皮绝缘电力电缆	橡皮或聚氯乙烯护套	-15
	裸铅套	-20
	铅护套钢带铠装	-7
塑料绝缘电力电缆		0
控制电缆	耐寒护套	-20
	橡皮绝缘聚氯乙烯护套	-15
	绝缘聚氯乙烯护套	-10

当用电流升温时，无论在任何情况下，都不应使油浸纸电缆表面温度超过下列规定：35 kV 电缆表面温度不超过 25 ℃；6～10 kV 电缆表面温度不超过 35 ℃；3 kV 及以下电缆表面温度不超过 40 ℃。加热时，应随时用钳形电表监视电缆的升温电流及电缆表面温度，敷设时间最好选择在中午气温最高时进行。周围环境温度低于 -10 ℃时，只有在紧急情况下并在敷设前和敷设中均用电流升温，才允许敷设电缆。

经过升温后的电缆应尽快敷设，敷设前放置时间一般不得超过 1 h。当电缆冷却到低于上述规定的环境温度时，不得再弯曲。

五、敷设方法选择

常见的电缆敷设方法有电缆直埋、电缆穿管、电缆沟埋、电缆支架、电缆桥架等，应视工程条件、环境特点、电缆类型、数量等因素，以及满足运行可靠、便于维护和技术经济合理的原则来选择。

1. 电缆直埋敷设方式的选择

应符合下列规定。

（1）同一通路少于 6 根的 35 kV 及以下电力电缆，在厂区通往远距离辅助设施或城郊等不易有经常性开挖的地段，宜采用直埋；在城镇人行道下较易翻修情况或道路边缘，也可采用直埋。

（2）厂区内地下管网较多的地段，可能有熔化金属、高温液体溢出的场所，待开发有较频繁开挖的地方，不宜用直埋。

（3）在化学腐蚀或杂散电流腐蚀的土壤范围内，不得采用直埋。

2. 电缆穿管敷设方式的选择

应符合下列规定。

（1）在有爆炸危险场所明敷的电缆、露出地坪上需加以保护的电缆及与公路、铁道交叉的地下电缆应采用穿管形式。

（2）地下电缆通过房屋、广场的区段，以及电缆敷设在规划中将作为道路的地段，宜采用穿管形式。

（3）在地下管网较密的工厂区、城市道路狭窄且交通繁忙或道路挖掘困难的通道等电缆数量较多地区，可采用穿管形式。

3. 电缆沟埋敷设方式的选择

应符合下列规定。

（1）在化学腐蚀液体或高温熔化金属溢流的场所，或在载重车辆频繁经过的地段，不得采用电缆沟。

（2）经常有工业水溢流、可燃粉尘弥漫的厂房内，不宜采用电缆沟。

（3）在厂区、建筑物内地下电缆数量较多但不需要采用隧道，城镇人行道开挖不便且电缆需分期敷设，同时又不属于上述（1）、（2）规定的情况时，宜采用电缆沟。

（4）有防爆、防火要求的明敷电缆，应采用埋砂敷设的电缆沟。

4. 电缆隧道敷设方式的选择

应符合下列规定。

（1）同一通道的地下电缆数量多且电缆沟不足以容纳时，应采用隧道。

（2）同一通道的地下电缆数量较多，且位于有腐蚀性液体或经常有地面水流溢的场所，或含有 35 kV 以上高压电缆以及穿越公路、铁道等地段，宜采用隧道。

（3）受城镇地下通道条件限制或交通流量较大的道路下，与较多电缆沿同一路径有非高温的水、气和通信电缆管线共同配置时，可在公用性隧道中敷设电缆。

5. 其他场所电缆敷设方式

垂直走向的电缆宜沿墙、柱敷设；当数量较多或含有 35 kV 以上高压电缆时，应采用竖井。

电缆数量较多的控制室、继电保护室等处，宜在其下部设置电缆夹层。电缆数量较少时，也可采用有活动盖板的电缆层。

在地下水位较高的地方、化学腐蚀液体溢流的场所，应采用支持式架空敷设。建筑物或厂区不宜采取地下敷设时，可采用架空敷设。

在地下水位较高的地方，或通道中电力电缆数量较少且在不经常有载重车通过的户外配电装置等场所，宜采用浅槽敷设。

明敷且不宜采用支持式架空敷设的地方，可采用悬挂式架空敷设。

通过河流、水库的电缆没有条件利用桥梁、堤坝敷设时，可采用水下敷设。

厂房内架空桥架敷设方式不宜设置检修通道，城市电缆线路架空桥架敷设方式可设置检修通道。

六、电缆敷设工艺

电缆敷设工艺参照《电力工程电缆设计标准》（GB 50217—2018）。电缆敷设的基本工艺要求如下。

1. 直接埋于地下的电缆，应选用铠装电缆；承受拉力（如跨越河流、敷设在竖井内）的电缆应采用粗钢丝或细钢丝铠装的电缆；敷设在电缆沟、排管、隧道内的电缆可采用无铠装电缆。直埋电缆的敷设应符合以下规定。

（1）电缆埋设深度应不小于 0.7 m，电缆周围应铺以厚度不小于 100 mm 的细土或细砂，电缆正上方 100 mm 处应盖水泥保护板，板宽应超出电缆两侧各 50 mm。埋设状况如图 3-2 所示。

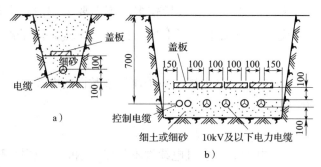

图 3-2　直埋电缆埋设状况
a）单根电缆　b）多根电缆

（2）电缆穿过马路或街道时，电缆应穿于保护管内，管的内径应不小于电缆外径的 1.5 倍，且不小于 100 mm；单芯电缆不应单独穿于铁管内，以免因铁管发热影响输送容量。

（3）电缆从地下或电缆沟引出地面时，地面上 2 m 一段应用保护管或罩保护，保护管或罩下端应伸入地面下 0.1 m；在发电厂、变电站内的铠装电缆如果没有机械损伤的可能，可不加保护管。

2. 电缆与电缆或电缆与其他管道、建筑物相互接近或交叉时，它们之间的距离应符合表 3-2 的规定。电缆间或电缆与其他管道间要保持一定的距离，是因为以下几点。

（1）距离太近，各类管线检修时容易误伤，且增加了检修的难度。

（2）防止电缆发生故障时烧坏其他管线，或其他管线故障时损伤电缆。

（3）电缆间或与热力管道间距离近，将影响散热，降低载流量。

（4）各种管线所处的地域不同，地电位不同，或因变压器低压侧中性点位移引起接地极地电位升高，导致电缆护层电位升高等原因，两管线接触时容易产生电腐蚀。

表 3-2　电缆之间，电缆与管道、道路、建筑物之间平行和交叉时的最小净距　　m

项目		平行	交叉
电力电缆间及其与控制电缆间	10 kV 及以下	0.10	0.50
	10 kV 以上	0.25	0.50
控制电缆间		—	0.50
不同使用部门的电缆间		0.50	0.50
电缆与热管道（管沟）及热力设备间		2.00	0.50
电缆与油管道（管沟）间		1.00	0.50
电缆与可燃气体及易燃液体管道（沟）间		1.00	0.50
电缆与其他管道（管沟）间		0.50	0.50
电缆与铁路路轨间		3.00	1.00
电缆与电气化铁路路轨间	交流	3.00	1.00
	直流	10.0	1.00
电缆与公路间		1.50	1.00
电缆与城市街道路面间		1.00	0.70
电缆与杆基础（边线）间		1.00	—
电缆与建筑物基础（边线）间		0.60	—
电缆与排水沟间		1.00	0.50

注：①电缆与公路平行的净距，当情况特殊时可酌减。
　　②当电缆穿管或者其他管道有保温层等防护设施时，表中净距应从管壁或防护设施的外壁算起。

3. 当电缆路径不平且高位差较大时，应采用无高位差限制的电缆（如橡塑电缆）。黏性油浸纸绝缘电缆允许的最大位差不超过表 3-3 的规定。

4. 电缆弯曲过度将损伤电缆的绝缘层和外护层。因此，在电缆的安装和敷设过程中，电缆的弯曲半径不应小于表 3-4 中的数值。

表 3-3　黏性油浸纸绝缘电缆的最大允许敷设位差

电压（kV）	电缆护层结构	最大允许敷设位差（m）
1	无铠装	20
	铠装	25
6～10	铠装或无铠装	15
35	铠装或无铠装	5

表 3-4　电缆最小弯曲半径

电缆形式		多芯	单芯
橡皮绝缘电力电缆	无铅包、钢铠护套	10 *D*	
	裸铅包护套	15 *D*	
	钢铠护套	20 *D*	
聚氯乙烯绝缘电力电缆		10 *D*	
交联聚乙烯绝缘电力电缆		15 *D*	20 *D*
油浸纸绝缘电力电缆	铅包	30 *D*	
	铅包　有铠装	15 *D*	20 *D*
	无铠装	20 *D*	
自容式充油（铅包）电缆			20 *D*

注：*D* 为电缆外径。

5. 当敷设现场的温度低于表 3-1 中的数值时，应采取措施加热电缆，否则不宜敷设。

6. 敷设于电缆沟或隧道内的电缆应符合以下规定。

（1）电缆沟和隧道如图 3-3、图 3-4 所示。其内各电缆支架间的距离不应大于 1 m，控制电缆支架间的距离不应大于 0.8 m；支架各层间的距离不应小于表 3-5 中的规定，但层间净距不应小于 2 倍电缆外径加 10 mm。35 kV 及以上高压电缆不应小于 2 倍电缆外径加 50 mm。

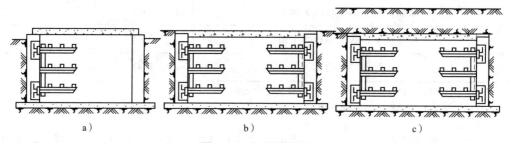

a）　　　　　　　　b）　　　　　　　　c）

图 3-3　电缆沟断面
a）电缆沟顶高出地面　b）电缆沟顶同地面相平　c）电缆沟顶低于地面

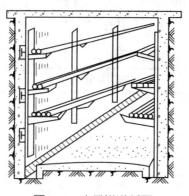

图 3-4　电缆隧道断面

表 3-5　电缆支架的层间允许最小距离值　　　　　mm

电缆类型和敷设特征		支（吊）架	桥架
控制电缆		120	200
电力电缆	10 kV 及以下（除 6～10 kV 交联聚乙烯绝缘外）	150～200	250
	6～10 kV 交联聚乙烯绝缘	200～250	300
	35 kV 单芯	300	350
	35 kV 三芯 110 kV 及以上，每层多于 1 根	250	300
	110 kV 及以上，每层 1 根		
电缆敷设于槽盒内		$h+80$	$h+100$

注：h 表示槽盒外壳高度。

（2）高、低压电缆同沟敷设时，高压电缆应在下层，低压电缆应在上层；若有控制电缆同沟敷设，则应分别两侧敷设，或将控制电缆敷设在最下层。

（3）电缆沟和隧道内的架构应接地，并应与电缆的接地极相连接，保持同一电位。

7. 电缆垂直敷设或安装时，应有卡子固定，其间距不应大于 1.5 m。

8. 当采用机械牵引敷设电缆时，电缆允许的最大牵引强度不应超出表 3-6 所列规定值。必要时应进行计算，防止电缆因受拉力过大而造成损伤。

表 3-6　电缆最大牵引强度　　　　　N/mm²

牵引方式	牵引头		钢丝网套		
受力部位	铜芯	铝芯	铅套	铝套	塑料护套
最大牵引强度	70	40	10	40	7

七、施工注意事项

（1）架设电缆轴架的地方必须平整、坚实，支架必须采用有底盘支架，不得用千斤顶代替。临时搭设的支架必须用两只三脚架架设转轴。必要时电缆轴架应设置临时地锚。

（2）采用撬动电缆盘的边框展放电缆，不得用力过猛，不要将身体伏在撬杠上面，同时应有措施防止撬杠脱落、折断，避免伤人。

（3）人工牵引电缆时，用力要均匀，速度要平稳，不可猛拉、猛跑，看护人员不得站在电缆盘的前面。

（4）敷设时，处于电缆转角地段的人员必须站在电缆弯曲的外侧，切不可站在电缆弯曲的内侧，以防挤伤摔倒事故发生。

（5）电缆穿管时，操作人员必须做到：送电缆时，手不可离管口太近，以防对方拉拽过猛而挤手；迎电缆时，眼及身体各个部位不可直对管口，以防戳伤。

（6）人工滚动电缆时，应站立在轴架的侧面，且不宜超过电缆轴的中心，以防压伤。上下坡时，须在轴心孔中穿钢管，在钢管两端系绳拖拉。中途停止时，应用楔子制动卡住，并把绳子系在可靠固定处。

（7）车辆运输电缆时，电缆应放在车厢的前方，并用钢绳、木楔固定，防止启动或刹车时滚动或撞击。

（8）在已送电运行的变电站室或生产车间敷设电缆时，必须做到电缆所进入的柜和涉及的柜停电，且须有专人看管或上锁。操作人员应有防止触及带电设备的措施。在任何情况下，与带电体的操作安全距离：低压不得小于 1 m，高压不得小于 2 m。

（9）在道路附近或较繁华地段进行电缆施工时，要设置栏杆或标示牌，夜间要设置红色标志灯。

（10）在隧道或竖井内敷设电缆时，临时照明用的电源电压不得大于 36 V。工作时必须戴安全帽。

（11）装卸电缆时，不允许将吊索直接穿入轴心孔内或直接吊装轴盘，应将钢管穿入轴心孔，吊索套在钢管的两端吊装，其钢管的强度应满足电缆重力的需要。

（12）采用斜面装卸车时，应将钢管穿入轴心孔内，并用钢绳或大绳套好，系在牢固的地方作为保护；滚上或滚下时，任何人不得站于斜面的下面，应站立于轴盘的两侧滚动电缆，以防脱落。保护钢索或大绳必须有良好、可靠的制动装置（如用树、地锚等）。

八、电缆竣工验收

1. 电缆线路竣工后的试验

（1）有关参数试验

1）绝缘电阻的测试。测量芯线对地和线间的绝缘电阻，其阻值不得低于规定值。当电缆长度为 500 m 时，额定电压 3 kV 及以下的，其绝缘电阻值为 200 MΩ；6 ~ 10 kV 的，其绝缘电阻值为 400 MΩ。当电缆长度超过 500 m 时，绝缘电阻应按实际长度进行反比换算；短于 500 m 时一般不需要换算。

2）电容及电阻的测试。测量电容、交直流电阻及阻抗，其数值均应符合设计标准。

（2）试送电试验

通过绝缘电阻试验达到要求后，可进行试送电试验。经试送电正常后，即可正式通电运行。

2. 电缆线路竣工后的验收

电缆线路竣工后，应组织有关人员进行质量验收。

（1）对施工线路的验收

为保证电缆线路的安全运行，要求其附属设施符合要求，如电缆沟盖板齐全，电缆沟和电缆隧道内无杂物障碍、积水，照明线路及灯具齐全完好，通风、排水等设施应符合设计要求，通风机运转良好，风道通畅。

直埋电缆路径标志应与实际路径相符。路径标志应清晰、牢固，间距适当，在直埋电缆直线段每隔 50 ~ 100 m 处、电缆接头处、转弯处、进入建筑物等处，都应有明显的方位标志或标桩。

防火措施（包括阻燃电缆的选型，防火包带、涂料的类型，绕包及部位）应符合设计及施工工艺要求，封堵材料的使用及封堵应严密。

（2）对施工质量的验收

电缆规格应符合规定。一般按电缆规格设计订货，但因供货不足或其他原因不能满足要求时，现场可"以大代小"或用其他类型电缆代替，此时一定要以设计修改通知单作为依据，否则不能验收。电缆应排列整齐，无机械损伤；电缆标示牌应装设齐全、正确、清晰。为统一起见，在验收时标示牌应符合规范的要求，且不允许错装、漏装。

电缆的固定、弯曲半径、有关距离和单芯电力电缆的金属护层的接线等应符合要求。电缆终端、电缆接头及充油电缆的供油系统应安装牢固，不应有渗漏现象。充油电缆的渗漏检测一般用油压表，因此油压表一定要完好，并经校验符合设计要求。电缆接地应良好，充油电缆及护层保护器的接地电阻应符合设计要求。电缆终端的相位色标应正确，电缆支架等金属部件防腐层应完好。

 技能训练

1. 训练内容
电缆施工基本技能。

2. 训练器材
施工现场及电缆施工器材等。

3. 训练步骤
（1）熟悉电缆。
（2）检验电缆。
（3）电缆升温。
（4）电缆牵引。

4. 注意事项
（1）电缆长度为 250 mm 时，额定电压小于 1 kV 的电缆绝缘电阻不小于 10 MΩ；额定电压为 3 kV 的电缆绝缘电阻不小于 200 MΩ；额定电压为 6 ~ 10 kV 的电缆绝缘电阻不小于 400 MΩ。

（2）机械敷设电缆时，应在牵引头或钢丝网套与牵引钢缆之间装设防捻器，其牵引速度不宜超过 15 m/min。

5. 成绩评定
考核内容及评分标准见表 3-7。

表 3-7 评分标准表

序号	考核内容	配分	评分标准	扣分	得分
1	熟悉电缆	20	不能根据电缆种类说出用途和敷设方法，每项扣10分		
2	检验电缆	30	检查电缆规格、型号、截面积、电压等级均符合设计要求，漏查一项扣5分 检验电缆的绝缘电阻应符合技术要求，漏检、错检扣10分		
3	电缆升温	20	不会对电缆进行升温处理，酌情扣10～20分		
4	电缆牵引	30	不熟悉电缆人工牵引和机械牵引操作要领及注意事项，酌情扣10～30分		
5	安全文明生产	否定项	严重违反安全文明生产规定，本次考核计0分；情节较轻的，酌情在总分中扣5～20分		
6	合计	100			

课题二 电缆直埋敷设

学习目标

能按照工艺要求完成电缆直埋敷设的操作。

一、电缆直埋敷设工艺

电缆直埋敷设工艺流程如图 3-5 所示。

图 3-5 电缆直埋敷设工艺流程

电缆直埋敷设施工工序如下。

1. 挖电缆沟样洞

按施工图在电缆敷设线路上开挖样洞，以便了解土壤和地下管线布置情况。样洞的一般尺寸：长度为 0.4 ~ 0.5 m，宽度与深度均为 1 m。开挖数量可根据电缆敷设的长度和地下管线的复杂程度来确定。

2. 放样画线

根据施工图和开挖样洞的资料确定电缆线路的实际走向，用石灰粉画出电缆沟的开挖宽度和路径。其宽度可参照表 3-8 选择，沟深一般为 0.8 m，如遇特殊情况则应适当加深。电缆的转弯处应开挖成圆弧形，以保证电缆敷设的弯曲半径要求。

表 3-8 直埋电缆沟的开挖宽度　　　　　　　　　　mm

10 kV 及以下电缆根数＼控制电缆根数	0	1	2	3	4	5	6
0		350	280	510	640	770	900
1	350	450	580	710	840	970	1 100
2	550	600	780	800	990	1 120	1 250
3	650	750	880	1 010	1 140	1 270	1 400
4	800	900	1 010	1 160	1 290	1 420	1 550
5	950	1 050	1 180	1 310	1 440	1 570	1 800
6	1 120	1 200	1 330	1 460	1 590	1 720	1 850

3. 开挖电缆沟

电缆沟可采用人工开挖或机械开挖。

4. 铺设下垫层

开挖工作结束后，在沟底铺一层 100 mm 厚的细砂或松土作为电缆沟的下垫层。

5. 埋设电缆保护管

如果电缆需要穿越建筑物、道路或与其他设施交叉，应事先埋设电缆保护钢管（DN80 热镀锌钢管），以便敷设电缆时穿入管内。

6. 敷设电缆

应将电缆敷设在沟底砂土垫层的上面，电缆长度应略长于电缆沟长（一般长度多出 1% ~ 1.5%），并按波浪形敷设（不要过直），以使电缆能适应土壤温度的冷热伸缩变化。其敷设方法有人工敷设和机械牵引敷设两种。

（1）人工敷设

由人工扛着电缆沿电缆沟道走动敷设，或站在沟中不动而用手传递电缆，如图 3-6a 所示。这种方法工作量大，一般用于工程量较小、电缆线路较短的情况。

（2）机械牵引敷设

首先，沿沟底每隔 2～3 m 放一个电缆滚轮；然后，将电缆放在滚轮上，使电缆牵引时不至于与地面摩擦；最后，牵引机械（如卷扬机、绞盘等）和人工两者兼用牵引电缆，如图 3-6b 所示。

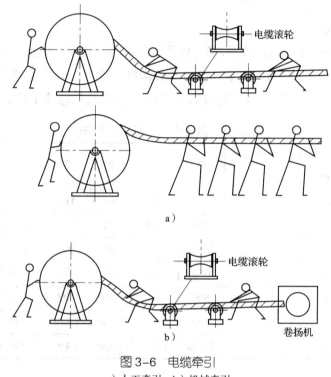

图 3-6 电缆牵引

a）人工牵引　b）机械牵引

7. 铺设上垫层

电缆敷好后，在电缆上面再铺一层 100 mm 厚的细砂或松土，然后在砂土层上铺盖水泥预制板或砖，以防电缆受机械损伤。

8. 回填土

将电缆沟回填土分层填实，覆土应高于地面 150～200 mm，以防松土沉陷。

9. 设置电缆标示牌

电缆敷设完毕，在电缆的引出端、引入端、中间接头、转弯等处应设置防腐材料（如塑料或铅等）制成的标示牌，注明线路编号、电压等级、电缆型号规格、起止地点、线路长度和敷设时间等内容，以备检查和维护之用。此外，直埋电缆在直线段每隔 50 m 处、电缆接头处、转弯处应设有"高压电缆、禁止挖掘"的标示牌。在含有酸、碱、矿渣、石灰等场所，电缆不应直接埋地敷设。如果必须直埋敷设，应采用瓷瓦管、水泥管等防腐保护措施。

电缆直埋敷设完成后的电缆沟截面如图 3-7 所示（图中标注单位为 cm）。

二、注意事项

（1）直埋在地下的电缆应使用铠装电缆。

（2）人工开挖时不允许采用掏空挖掘方式。

（3）敷设时，要注意电缆不能过度弯曲，在转弯处要保证电缆的弯曲半径要求。

（4）机械牵引敷设时，牵引速度应缓慢，并在线路中间地段配以人工拖动，以防电缆损伤。

（5）如遇有含酸、碱等腐蚀物质的土壤，应更换无腐蚀性的松软土作为回填土。

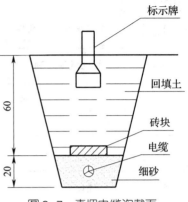

图3-7 直埋电缆沟截面

 技能训练

1. 训练内容

电缆直埋敷设。

2. 训练器材

电缆敷设用具、材料主要分为挖沟、敷设及锯断电缆和封焊三大类。挖沟工具有铁锹、空压机、水泵、顶管设备等；敷设工具有钢轴、千斤顶、电缆盘支架、钢丝绳、滑轮、钢丝网套、牵引头拉杆、牵引机械（卷扬机或绞盘）、铁线、皮尺等；锯断电缆和封焊工具材料有钢锯、钳子、电工刀、喷灯（或液化石油气、喷枪）、铜绑线、封铅、抹布、硬脂酸，以及橡胶电缆用热塑帽、自黏带和聚氯乙烯黏带等。

3. 训练步骤

（1）挖电缆沟样洞。

（2）放样，画线。

（3）开挖电缆沟。

（4）铺设下垫层。

（5）埋设电缆保护管。

（6）敷设电缆。

（7）铺设上垫层。

（8）回填土。

（9）设置电缆标示牌。

4. 注意事项

（1）训练时可根据现场条件缩减工作量。

（2）牵引电缆时应注意安全防护，确保人身安全。

5. 成绩评定

考核内容及评分标准见表3-9。

表 3-9　评分标准表

序号	考核内容	配分	评分标准	扣分	得分
1	施工组织和技术准备	5	施工组织和技术准备不充分，酌情扣 3 ~ 5 分		
2	挖电缆沟样洞	20	样洞不符合设计要求，酌情扣 10 ~ 20 分		
3	放样，画线	5	不根据施工图和开挖样洞的资料确定电缆线路的实际走向，酌情扣 3 ~ 5 分		
4	开挖电缆沟	10	电缆沟不能满足设计要求，酌情扣 5 ~ 10 分		
5	铺设下垫层	10	下垫层铺设不均匀，酌情扣 5 ~ 10 分		
6	埋设电缆保护管	10	电缆保护管埋设不合理，酌情扣 5 ~ 10 分		
7	敷设电缆	20	电缆牵引不规范、不安全，电缆有破损，全扣		
8	铺设上垫层	10	上垫层铺设太薄，酌情扣 3 ~ 10 分		
9	回填土	5	回填土未夯实，酌情扣 3 ~ 5 分		
10	设置电缆标示牌	5	标示牌设置不合理、不规范、不完整，一处扣 1 分		
11	安全文明生产	否定项	严重违反安全文明生产规定，本次考核计 0 分；情节较轻的，酌情在总分中扣 5 ~ 20 分		
12	合计	100			

课题三　电缆桥架敷设

学习目标

能按照工艺要求完成电缆桥架敷设的操作。

一、电缆桥架安装方式

电缆桥架安装方式根据安装位置不同可分为吊装、落地装、壁装三种方式。

1. 吊装

电缆桥架吊装根据安装空间条件、高度限制、重量要求和电缆种类不同采用不同的吊装形式，常见的有槽钢吊装、双杆吊装、悬臂吊装和吸顶吊装四种形式，如图 3-8 所示。

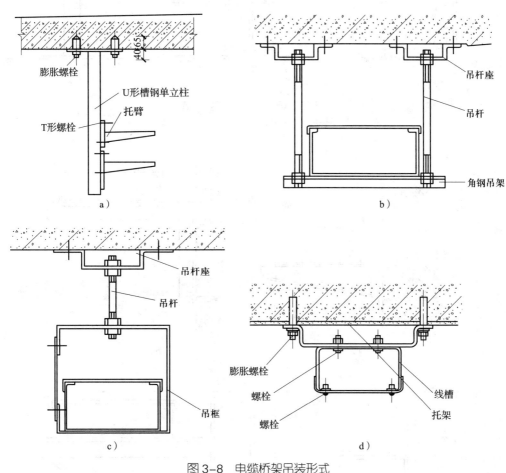

图 3-8　电缆桥架吊装形式
a）槽钢吊装　b）双杆吊装　c）悬臂吊装　d）吸顶吊装

2. 落地装

电缆桥架也可采用落地安装方式，常见的有单侧安装、双侧安装和顶置安装三种形式，如图 3-9 所示。

3. 壁装

电缆桥架沿墙壁安装有简易托臂安装、L 角钢安装、框架安装及三角支架安装四种形式，如图 3-10 所示。比较坚实的墙壁可选用前三种安装形式，当空心砖等墙体无法支撑桥架重量和稳定性时，可加装钢结构支撑，然后将三角支架采用焊接方式固定到钢架上。

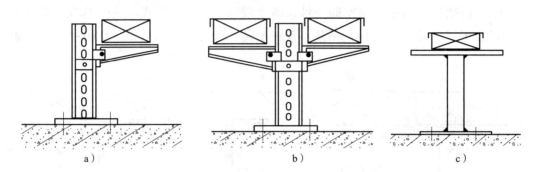

图 3-9　电缆桥架落地装形式

a）单侧安装　b）双侧安装　c）顶置安装

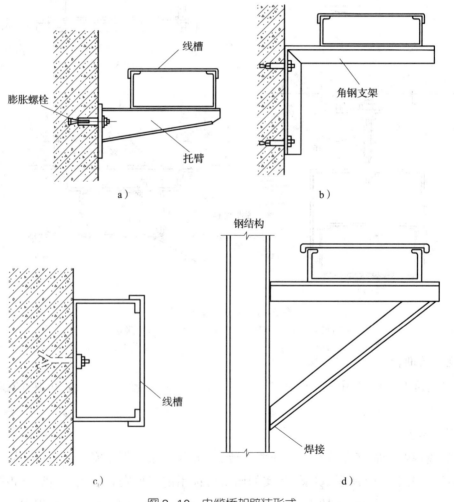

图 3-10　电缆桥架壁装形式

a）托臂安装　b）L角钢安装　c）框架安装　d）三角支架安装

二、电缆桥架安装工艺

电缆桥架安装工艺流程如图 3-11 所示。

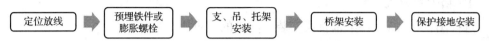

定位放线 ➡ 预埋铁件或膨胀螺栓 ➡ 支、吊、托架安装 ➡ 桥架安装 ➡ 保护接地安装

图 3-11 电缆桥架安装工艺流程

电缆桥架安装施工工序如下。

1. 前期准备

（1）用激光器或尼龙绳，按尺寸要求找出从地平面到桥架底部的高度，并在此高度打上水平线。

（2）调整吊杆上的螺母。

2. 楼面立柱的安装

（1）按图 3-12 所示，安装楼面立柱。

（2）把桥架用压板或导向头固定在立柱上。

（3）支持架采用 75 mm×50 mm×6 mm 角钢，角钢与底部钢板采用焊接方式固定，钢板与地面用 M12 的膨胀螺栓固定。

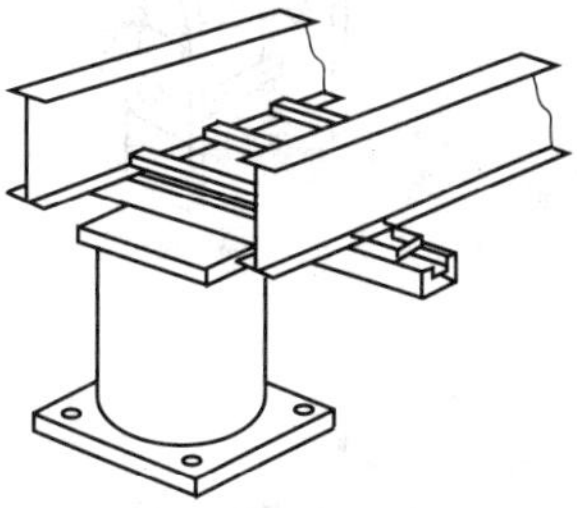

图 3-12 楼面立柱的安装

3. 托臂的安装

选择图 3-13 所示的组装托臂中的一种，将托臂用膨胀螺栓直接固定在墙壁上（或混凝土构件上）。

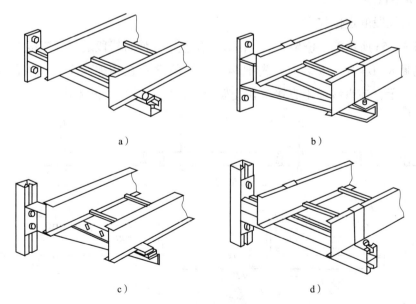

a）

b）

c）

d）

图 3-13 各种托臂的安装

a）单槽悬臂式托臂　b）墙装悬臂式托臂　c）加强肋型悬臂式托臂　d）双槽钢型悬臂式托臂

工艺要求如下。

（1）托臂在工字钢、角钢立柱上安装用 M10×50 螺栓连接固定。

（2）托臂在同一平面上的高低偏差不大于 ±5 mm，并与立柱垂直。

4. 桥架垂直段安装

选择图 3-14 所示桥架垂直段安装方法中的一种进行安装。

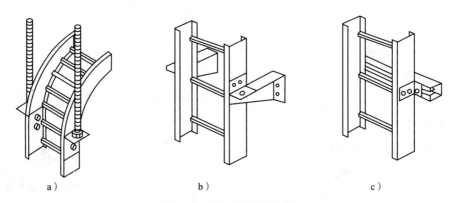

图 3-14　桥架垂直段安装

a）垂直螺杆吊装　b）垂直加强板悬臂支架　c）垂直槽钢支架

工艺要求如下。

（1）垂直安装的支架，间距不应大于 2 m；转角安装的支架，间距为 0.3 ～ 0.6 m；水平安装的支架，间距为 1.5 ～ 2 m。

（2）电缆进入竖井、盘柜以及穿入管子时，出入口应封闭，管口应封闭。

5. 桥架直线段安装

（1）直线段的定位与安装

按图 3-15a 所示确定桥架支架、吊架的位置，并使直线段之间的连接点落在支点、吊点及跨距的 1/4 处。安装时，先把两节直线段搁置在相邻两个支架、吊架上，如图 3-15b 所示，使直线段不直接落在支架上。再用一对节点板及其他五金件，将两节

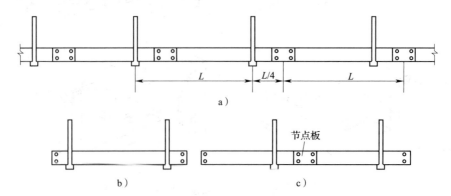

图 3-15　桥架直线段安装

a）桥架的支架、吊架位置　b）单节点预放位置　c）两节相连的位置

相连。节点板应放在桥架的外侧，螺栓头放在内侧，用足够的力矩将其紧固，使节点板紧贴桥架外侧，如图 3-15c 所示。

（2）确定膨胀节点板间的距离

按照表 3-10 确定膨胀节点板间的距离。

表 3-10　伸缩 25 mm 时膨胀连接点的最大间距　　　　　　　m

温差（℃）	钢	铝合金	温差（℃）	钢	铝合金
-4	156	79	51	31	16
10	78	40	65	26	13
24	52	27	79	22	11
38	39	20			

（3）电气连线

按图 3-16 所示，用跳线连接方式连接膨胀连接点。

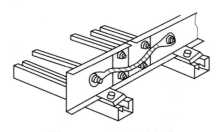

图 3-16　跳线连接方式

三、注意事项

（1）托臂安装时要使其保持水平，并使各托臂相互之间平齐。

（2）支架、吊架间距应不大于单节桥架的长度，应避免桥架连接点落于支架、吊架上或跨距的中间。

（3）电缆桥架应在两个膨胀节点板之间的中心点处且被固定住，使其只能沿长度方向从固定点向两侧伸缩。

 技能训练

1. 训练内容

电缆桥架敷设，训练图样如图 3-17 所示。

2. 训练器材

金属切割锯、螺钉旋具、电钻和钻头、锉刀、C 形轧头、呆扳手、扭矩扳手、划线器、棘轮扳手、水平仪、钢卷尺、直角尺、激光器等。

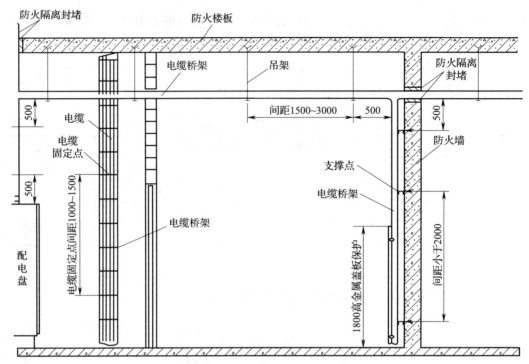

图 3-17 电缆桥架敷设训练图样

3. 训练步骤

（1）前期准备。

（2）立柱安装。

（3）托臂安装。

（4）垂直段安装。

（5）直线段安装。

4. 注意事项

（1）训练时，可根据现场条件缩减工作量。

（2）现场安装桥架本体时应注意做好防跌、防倒等安全防护措施，确保人身安全。

5. 成绩评定

考核内容及评分标准见表 3-11。

表 3-11 评分标准表

序号	考核内容	配分	评分标准	扣分	得分
1	前期准备	20	准备工作不充分，酌情扣 5～20 分		
2	立柱安装	20	安装操作不规范、位置不准确、工艺不美观、结构稳定性差，酌情扣 10～20 分		

续表

序号	考核内容	配分	评分标准	扣分	得分
3	托臂安装	20	安装操作不规范、位置不准确、工艺不美观、结构稳定性差，酌情扣 10 ~ 20 分		
4	垂直段安装	20	安装操作不规范、位置不准确、工艺不美观、结构稳定性差，酌情扣 10 ~ 20 分		
5	直线段安装	20	安装操作不规范、位置不准确、工艺不美观、结构稳定性差，酌情扣 10 ~ 20 分		
6	安全文明生产	否定项	严重违反安全文明生产规定，本次考核计 0 分；情节较轻的，酌情在总分中扣 5 ~ 20 分		
7	合计	100			

课题四　电缆头的制作

学习目标

1. 能熟练完成电缆中间接头的制作。
2. 能熟练完成电缆终端头的制作。

一、电缆的连接要求

在电缆的敷设过程中，不可避免地要进行电缆的连接。要完成电缆连接，主要需掌握制作中间接头和终端头的方法。电缆的连接要满足以下要求。

（1）保证密封。若电缆密封不良，电缆油就会漏出来，使绝缘干枯，造成电缆的绝缘性能降低。同时，纸绝缘有很大的吸水性，极易受潮。若电缆密封不良，潮气就会侵入电缆内部，导致绝缘性能降低。

（2）保证绝缘强度。电缆接头的绝缘强度应不低于电缆本身的绝缘强度。

（3）保证线芯接触良好。连接后的接头线芯接触电阻要小而稳定，并且接头有一定的力学强度。接触电阻不超过同长度导体电阻的1.2倍，其抗拉强度不小于电缆芯线强度的70%。

（4）电缆接头与电器保持一定距离，避免短路或击穿。

二、电缆的中间接头制作

电缆进行连接时，必须采用专用的电缆接头。常用电缆中间接头的制作方法有铅套管型、环氧树脂型和塑料盒型，近年又出现了热缩型中间接头。常用的电缆接头盒结构如图3-18所示。现以环氧树脂型、热缩型中间接头为例，说明电缆中间接头的制作方法。

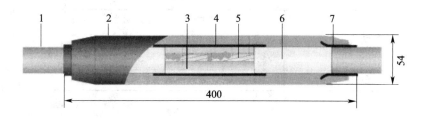

图3-18　电缆接头盒结构

1—电缆　2—硅橡胶中间接头　3—铜连接管　4—屏蔽管　5—线芯　6—电缆芯绝缘　7—应力锥

1. 环氧树脂型中间接头制作工艺

（1）准备工作

清理场地，用木板垫起两根电缆连接头，使其水平并调直。将绝缘纸或电缆线芯松开，浸到150℃的电缆油中，检查电缆是否受潮。用绝缘电阻表测量绝缘电阻并核对相序，做好记号和记录。

（2）确定剥切尺寸，清理剥切部位

按中间接头盒的尺寸，确定剥切的尺寸，并做上标记。在标记以下约100 mm处的钢带上，用浸有汽油的抹布把沥青混合物擦净，再用砂布或锉刀打磨，使表面显出金属光泽，然后涂上一层焊锡，以备放置接地线用。

（3）锯切钢带铠装层

用专用的刀锯在钢带上锯出一个环形深痕，深度为钢带厚度的2/3，如图3-19所示。切勿伤及其他包层。

（4）剥钢带

锯完后，用旋具在锯痕尖角处将钢带挑起，用钳子夹住，按照原缠绕方向的反方向把钢带撕下。再用同样方法剥去第二层钢带。钢带撕下后，用锉刀修饰钢带切口，使其光滑、无毛刺。

（5）剥削铅包（或铝包）

图3-19　锯切钢带铠装层

剥削铅包前，应将喇叭口以上 60 mm 范围内的一段铅包表面用汽油洗净后打毛，并用塑料带作为临时包缠，以防弄脏铅包表面。然后按剥削尺寸，先在铅包切断的地方切一道环形深痕，再顺着电缆轴向在铅包上用剖铅刀划两道深痕，其间距为 10 mm，深度为铅包厚度的 1/2。随后，在电缆接头处顶端，把两道深痕间的铅皮条用旋具撬起，用钳子夹住铅皮条往下撕，并将其折断，如图 3-20 所示。

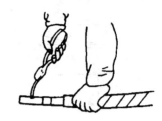

图 3-20　剥削铅包

（6）胀喇叭口

剥完铅包层后，用胀口器把铅包胀成喇叭口，先在距喇叭口 25 mm 的纸绝缘层上用塑料带包缠进行保护，然后剥去剩下的统包纸绝缘层，并分开每根芯线，用汽油洗去芯线上的电缆油。

（7）连接芯线

用塑料带临时把每根芯线包缠一层，以防受损弄脏，随后在芯线三叉口处塞入三角木模撑住，并把各根芯线均匀地分开。按连接套管长度的 1/2 加上 5 mm 长度，剥削每根芯线端部的油浸纸绝缘包层。然后把芯线线端插入连接套管内，进行压接。

（8）恢复绝缘包层

芯线压好后，先将连接管表面用锯条或钢丝刷拉毛，用汽油或酒精洗净，然后拆去各芯线上统包纸绝缘及铅包上的临时塑料包缠带；并用无碱性玻璃丝带，按照原纸绝缘层的缠绕方向，以半重叠方式在每根芯线上进行包缠，在芯线上包两层，压接管上包四层，再在缠包层上包两层，在芯线三叉口处交叉压紧 4 ~ 6 次。应一边包缠，一边涂环氧树脂。涂包结束后，用红外线灯或电吹风对准涂包处加热，促使涂料干固。

（9）装环氧树脂中间接头铁皮模具

装模具前，应先在模具内壁涂上一层硅油脱膜剂；然后在接头两端的铅包上用塑料带包缠，以防浇注的环氧树脂从端口渗出；最后将模具装在上面。装模具时，应将三根芯线放在模具中间，芯线之间保持对称的距离。

（10）浇注环氧树脂

将环氧树脂从模具浇注口一次浇入，不可间断，浇满为止，约半小时环氧树脂干固后，拆除模具并用汽油将接头表面的硅油脱膜剂抹去。

（11）焊上过渡接地线

用裸铜绞线把中间接头盒两端的电缆金属外皮焊成一体。如果电缆中间接头直埋地下，则应在接头表面涂一层沥青，并在环氧树脂和电缆铅包衔接处，用塑料带包缠 4 层，一边包缠，一边涂沥青。为防止中间接头受损，可把接头下部的土夯实，并在四周用砖砌筑。制作完成的环氧树脂型中间接头如图 3-21 所示。

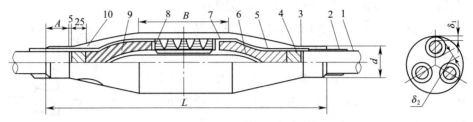

图 3-21　环氧树脂型中间接头

1—铅包　2—铅包表面涂包绝缘层　3—半导电纸　4—统包纸　5—线芯涂包绝缘层
6—线芯绝缘层　7—压接管涂包绝缘层　8—压接管　9—三叉口涂包绝缘层　10—统包纸涂包绝缘层

2. 热缩型中间接头制作工艺

（1）准备工作

与制作其他中间接头的准备工作基本相同。制作热缩型中间接头用的主要附件和材料有外热缩管、内热缩管、相热缩管、铜屏蔽网、未经硫化处理的乙丙橡胶带、热熔胶带、半导体带、聚乙烯带和接地线（截面积为 25 mm² 的软铜线）等。

（2）剖切电缆外护层

先将内、外热缩管套入一侧电缆上，将需要连接的两根电缆端头的大于 500 mm 长度的外护层剖切剥除，如图 3-22 所示。

（3）剥除钢带

由外护层切口向电缆端部量取 50 mm，装上钢带卡子。然后，在卡子外边缘沿电缆周长在钢带上锯一道环形深痕，将钢带剥除。

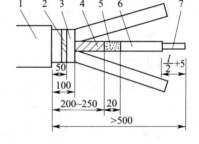

图 3-22　剖切电缆尺寸

1—外护层　2—钢带　3—内护层　4—铜屏蔽带
5—半导电层　6—电缆绝缘　7—导体

（4）剖切内护层

在距钢带切口 50 mm 处剖切内护层。

（5）剥除铜屏蔽带

自内护层切口向电缆端头量取 100～150 mm，将该段铜屏蔽带用细铜线绑扎，其余部分剥除。屏蔽带外侧 20 mm 一段半导体布保留，其余部分去除。

（6）清洗线芯绝缘，套入相热缩管

用无水乙醇清洗三相线芯交联聚乙烯绝缘层表面，以除净半导电薄膜，并分相套入铜屏蔽网和相热缩管。

（7）剥除绝缘，压接连接管

剥除芯线端头交联聚乙烯绝缘层，剥除长度为连接管长度的 1/2 加 5 mm。用无水乙醇清洗芯线表面，将清洗干净的两端头分别从压接管两端插入，用压接钳进行压接，每相接头不少于 4 个压点。

（8）包绕橡胶带

在压接管及其两端裸芯线处包绕未经硫化处理的乙丙橡胶带，采用半叠包方式绕包2层，绝缘接头处必须绕包严密。

（9）加热相热缩管

先在接头两边的交联聚乙烯绝缘层上适当缠绕热熔胶带，然后将事先套入的相热缩管移至接头中心位置，用喷灯沿轴向加热，使相热缩管均匀收缩，裹紧接头。加热时要注意相热缩管不应产生皱褶和裂缝。

（10）焊接铜屏蔽网

先用半导体带将两侧半导体屏蔽布缠绕连接，然后展开铜屏蔽网与两侧的铜屏蔽带焊接，每一端的焊点不得少于3个。

（11）加热内热缩管

先将3根芯线并拢，用聚氯乙烯带将芯线和填料绕包在一起，在电缆内护层处适当缠绕热熔胶带，然后将内热缩管移至中心位置，用喷灯加热，使其均匀收缩。

（12）焊接接地线

在接头两侧电缆钢带卡子处焊接接地线。

（13）加热外热缩管

先在电缆外护层上适当缠绕热熔胶带，然后将外热缩管移至中心位置，也用喷灯加热，使其均匀收缩。

制作完成的热缩型中间接头结构如图3-23所示。

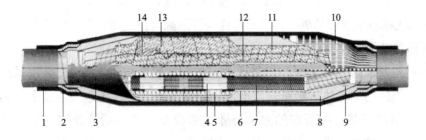

图3-23　制作完成的热缩型中间接头结构

1—电缆　2—铠装　3—热缩内护套　4—电缆芯绝缘层　5—硅橡胶预制中间接头　6—电缆外半导电层
7—热缩外护套　8—铜屏蔽带　9—铜扎线　10—锌皮护套　11—铜编织网
12—铜编织带　13—铜连接管　14—应力锥

三、电缆的终端头制作

1. 户内终端头的制作工艺

（1）准备工作

检查电缆是否受潮、测量绝缘电阻和锯切钢带的方法与制作电缆中间接头相同。

（2）剥铅包（或铝包），并套装预制的环氧树脂电缆头外壳首先，按设计要求确定喇叭口的位置，划一道环形深痕，再由此顶端沿电缆轴向划两条间距 10 mm 的平行线。然后，用剖铅刀沿划线切入铅包厚度的 1/2，用木锉或锯条将喇叭口下 30 mm 处一段铅包拉毛，并用塑料带临时包扎 1～2 层，以防表面弄脏。接着，将预制的环氧树脂电缆头外壳套入电缆钢带上，并用干净的棉纱塞满。最后，把两条纵痕间的条形铅包挑起，并用钳子夹住铅包慢慢卷起剥掉。

（3）胀喇叭口

用胀口器或竹片将铅包口胀成喇叭口。

（4）剥统包绝缘，分开芯线

在喇叭口向上 30 mm 一段统包绝缘上，用白纱布临时包扎 3～4 层，然后将缠包绝缘纸自上而下撕掉，并分开芯线。用汽油将芯线表面的电缆油擦去。

（5）剥除芯线端部绝缘

按设备接线位置所需的长度割去多余的电缆，然后用电工刀剥除芯线端部的绝缘，其长度等于接线端子的孔深加 5 mm。

（6）套耐油橡胶管

将选择好的耐油橡胶管从每根芯线末端套入，套到离芯线根部 20 mm 即可。然后，将上部橡胶管往下翻，使芯线端部的导线露出。最后，在芯线三叉口处用干净的布盖住。

（7）装接线端子

在芯线上套入接线端子并压接，然后将接线端子的管形部分用锯条或锉刀拉毛，并在压坑内用无碱玻璃丝带填满，再将耐油橡胶管的翻口往上翻，盖住接线端子下压坑。

（8）涂包芯线

先将铅包及统包上的临时包缠带拆去，然后在喇叭口以上 5 mm 处用蜡线紧扎一圈，将统包外层的半导体屏蔽纸自上而下沿蜡线撕平，再在统包及芯线上分别包一层干燥的无碱玻璃丝带。按规定的涂包尺寸在芯线及出线口堵油处刷一层环氧树脂涂料，然后用无碱玻璃丝带，在其表面涂一层涂料，边涂边包，共涂两层，再在统包部分涂包两层。接着，在三相分叉口部位交叉缠绕并压紧 4～6 层，并在分叉处填满环氧树脂涂料，如图 3-24 所示。

最后，将三叉口以下沿统包纸绝缘到喇叭口下的电缆包皮长约 30 mm 的一段涂包 2～3 层，并在无碱玻璃丝带表面均匀地刷一层环氧树脂涂料。同时，在接线端子管形部分与耐油橡胶管接合处刷一层环氧树脂涂料，并用玻璃丝带按上述方法涂包 3～4 层。

图 3-24　三相分叉口内填涂料

（9）装配环氧树脂外壳

先将临时放入外壳内的棉纱取出，然后将外壳向上移至喇叭口附近，由喇叭口向下 30 mm 处用塑料带重叠包绕成卷。包绕直径与外壳下口外径相近。接着将外壳放在塑料带卷上，用塑料带将外壳下口和塑料带卷扎紧，使外壳平整地固定在电缆上，然后调整芯线位置，使其离外壳内壁有 3 ~ 5 mm 间隙并对称排列，再用支撑架或带子使三相芯线固定不动。最后，用红外线灯泡或电吹风加热外壳，以加速涂层硬化。

（10）浇注环氧树脂复合物

将环氧树脂复合物从预制外壳中间浇入，以便空气逸出，不致形成气孔，一直浇到外壳平口为止。

（11）包绕外护层

待浇入壳内的环氧树脂冷却、干固后，可包绕线芯的外护加强层。从外壳出线口至接线端子的一段耐油橡胶管上，先用黄蜡带包绕两层，包绕时要拉紧。然后，按确定的相位分别在各根芯线上包一层相色带和一层透明塑料带。最后，按设备的接线位置弯好芯线，进行直流耐压试验。合格后再接到设备上。

图 3-25　制作完成的户内电缆终端头

制作完成的户内电缆终端头的外形如图 3-25所示。

2. 热收缩型户内、户外终端头的制作工艺

热收缩型终端头是由橡塑材料制成，它是一种经加工后遇热收缩的高分子材料。终端头主要由热收缩应力控制管、无泄痕耐气候管、密封胶、导电漆、绝缘三叉手套、防雨罩等组成。由于其构造简单、施工简便、适应性强，因此得到广泛应用。

电缆金属屏蔽层断开处的电场有突变，场强较大。按传统方法，常在该处缠一个应力锥，以改善电场、降低应力。而热收缩型终端头则在此处套一根介电常数远远大于电缆绝缘的应力控制管，以改善电场分布，减小应力。这样，既起到了应力锥的作用，又减小了体积和便于施工。其主要工艺步骤如下。

（1）剥塑料护套，锯钢甲

剥除塑料护套，在距剖塑口 30 mm 处扎绑线一道（3 ~ 4 匝），将钢甲锯除。在距钢甲末端 20 mm 处将内护套及填料剥除。

（2）焊接地线

用截面积不小于 25 mm² 的镀锡铜辫在三相芯线根部的铜屏蔽上各绕一圈，并用焊锡点焊在铜屏蔽上；然后，用镀锡铜线绑在钢甲上，并用焊锡焊牢。在铜辫的下端（从塑料护套切断处开始）用焊锡填满铜辫，形成一个 30 mm 的防潮层。

（3）套绝缘三叉手套

将热收缩绝缘三叉手套套至根部，然后用喷灯开始加热，从中部开始往下收缩，然后再往上收缩，使绝缘三叉手套均匀收缩于电缆上。当绝缘三叉手套内未涂密封胶时，应在绝缘三叉手套根部的塑料护套及接地铜辫上缠 30 mm 的热熔胶带，以保证绝缘三叉手套处有良好的密封。

（4）剥除铜屏蔽层及半导电层

将铜屏蔽层和半导电层剥除，用 $\phi1.0$ mm 镀锡铜丝在距内护套 150 mm 处绑扎两圈，将绑线至末端的铜屏蔽层剥除（不应伤及半导电层），在距铜屏蔽层末端 10 mm 处将至末端的半导电层剥除，剥时不应损伤绝缘。在保留的 10 mm 半导电层上靠绝缘的一端，用玻璃片刮一个 5 mm 的斜坡，最后用 0 号砂纸将绝缘表面打磨光滑、平整。

（5）涂导电漆或包半导电胶带

用汽油将绝缘表面擦净。擦时，应从末端往根部擦，防止将半导电层上的炭黑擦到绝缘表面。然后，在距半导电层末端 10 mm 处的绝缘层上包两圈塑料带，其目的是使后面步骤中导电漆刷得平整、无尖刺。在绝缘表面刷导电漆 10 mm，在半导电层末端的 5 mm 斜坡上刷导电漆，导电漆要涂刷整齐。当不用导电漆而需要用半导电胶带时，则应在此 15 mm 处包半导电胶带一层，再把临时包的两圈塑料带拆除。

（6）套应力控制管

当绝缘表面不光滑时，应在绝缘表面套应力控制管部分涂上一层薄薄的硅脂。然后，将应力控制管套至屏蔽层上（压铜屏蔽层 50 mm），从下至上进行收缩。

（7）套无泄痕耐气候管

用清洁剂将绝缘表面、应力控制管和手套的手指表面擦净，在手指上缠一层密封胶带，分别将三只无泄痕耐气候管套至手指根部。从手指与应力控制管接口处开始加热收缩，先向下收缩，然后再向上收缩。

（8）压接线端子及套过渡密封管

按照接线端子孔深加 5 mm，将末端绝缘剥除，然后套上接线端子进行压接。用密封胶填满空隙，套上过渡密封管，从中部向两端加热收缩。加热收缩前应对接线端子加热，以使密封胶充分熔化、黏合。

（9）电缆头的热收缩工艺

1）热收缩时的热源尽量采用液化气，因其烟尘较少，绝缘表面不易积炭。使用时，应将焊枪的火焰调到柔和的蓝色发黄的火焰，避免蓝色尖状火焰。用汽油喷灯加热收缩时，应用高标号、烟量少的汽油。禁止使用煤油喷灯作为热源。

2）在热收缩时火焰应不停地移动，避免烧焦管材。火焰应沿电缆周围烘烤，而且应朝向热收缩的方向，以预热管衬。只有在加热充分收缩后，才能将火焰向预热方向移动。

3）收缩后的管子表面应光滑、无皱纹、无气泡，并能清晰地看到内部结构的轮廓。

4）较大的电缆和金属器件在热缩前应预先加热，以保证有良好的黏合。

5）应去除所有将与黏合剂接触的表面上的油污。

制作完成的热收缩型户内终端头结构如图3-26所示。

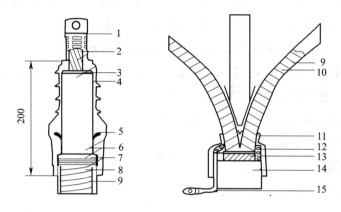

图3-26 制作完成的热收缩型户内终端头

1—线耳 2—电缆线芯 3—电缆绝缘层 4—终端头 5—应力锥 6—半导电层 7—半导电带缠绕体
8、10—铜屏蔽带 9—热缩管 11—热缩三叉套 12—铜线 13—电缆铠装 14—铜编织带 15—接地线

四、制作电缆中间接头和终端头的注意事项

（1）施工时，应防止灰尘和沙土等杂物进入电缆的连接处。在户外操作时，应架设临时作业棚。

（2）凡受潮的电缆端头不准接入中间接头或终端头内。

（3）为了防止电缆受潮，在雨天或湿度较高的环境中，不准加工中间接头或终端头。

（4）终端头出线应保持固定位置，其中带电裸露部分的相间和对地的距离规定为：10 kV以下的，户外不得小于200 mm，户内不得小于125 mm。同时还规定，芯线应有明显的相位色标。

 技能训练

1. 训练内容

用环氧树脂接头盒制作电缆的中间接头。

2. 训练器材

电缆、接头盒、专用手锯、压接钳、锉刀、电烙铁（300 W）、焊剂、焊锡、汽油、硅油、环氧树脂涂料、塑料带、玻璃丝带、蜡线、电工工具、喷灯等。

3. 训练步骤

根据本课题所学的方法制作电缆中间接头。

4. 注意事项

（1）训练过程必须在教师的监护下进行。

（2）必须使用专用锯子锯削钢带铠装层。若用普通锯子，容易锯入电缆内部其他包层。

（3）剥去芯线绝缘层时，应注意不要损伤和弄脏芯线。

（4）必须在恢复芯线绝缘的涂包层干固后，再装入模具。

（5）电缆接头装入模具后，必须使3根芯线居于模壳中间，芯线之间保持对称距离。

（6）模具的紧固螺钉必须牢固。

（7）浇注环氧树脂必须一次浇入模内，不可间断。

（8）施工时要防止灰沙侵入连接处。

5. 成绩评定

考核内容及评分标准见表3-12。

表3-12　评分标准表

序号	考核内容	配分	评分标准	扣分	得分
1	剥削电缆端头	30	剥削尺寸不符合要求，每偏差5 mm扣5分 钢带切口处不光滑或有毛刺，扣10分 清洗不洁净，扣5～10分 损伤或弄脏芯线，扣5～20分		
2	恢复电缆绝缘层	40	缠绕方向错误，扣20分 重叠不符合要求，扣5～10分 缠包层数错误，扣10分 层间漏刷环氧树脂，扣20分		
3	浇注环氧树脂	20	3根芯线不在模具中间，扣5～10分 3根芯线距离不对称，扣5～10分		
4	焊接过渡接地线	10	焊接不牢固或有虚焊，扣10分		
5	安全文明生产	否定项	严重违反安全文明生产规定，本次考核计0分；情节较轻的，酌情在总分中扣5～20分		
6	工时	0	4 h，每超过1 h扣10分		
7	合计	100			

课题五　电缆故障修理

学习目标

1. 能正确判断电缆一般故障的原因。
2. 能对故障电缆进行正确检测。

一、电缆故障的一般原因

电缆故障主要有以下几种形式。

（1）线路故障，包括完全断线和不完全断线。

（2）绝缘故障，包括相间短路（高电阻短路和低电阻短路）、单相接地和闪络故障。

（3）综合故障。

电缆故障的一般原因见表 3–13。

表 3–13　电缆故障的一般原因

故障类别	故障原因分析
机械损伤	电缆直接受外力损伤或因电缆铅包层的疲劳损坏、弯曲过度、热胀冷缩、铅包龟裂、磨损等
绝缘受潮	由于设计或施工不良，水分浸入，特别是由于电缆终端头、中间接头受潮或有气孔等，造成绝缘性能下降
绝缘老化	电缆浸渍剂在电热作用下化学分解，使介质损耗增大，导致电缆局部过热，造成击穿
化学腐蚀	由于电缆线路受到酸、碱等化学腐蚀，使电缆击穿损坏
过热击穿	由于电缆长期过热，造成电缆击穿损坏
材料缺陷	由于电缆中间接线盒或电缆终端头等附件的铸铁质量差，有砂眼或细小裂缝造成电缆损坏
过电压击穿	线路受到雷击或操作过电压，造成电缆击穿

二、电缆故障的检测

电缆发生故障后，一般先用 1 500 V 以上的绝缘电阻表判别故障类型，再用专门仪器和方法测定故障。例如，采用电缆探伤仪等专用电缆故障检测仪器。

1. 用绝缘电阻表判断电缆故障

（1）首先在任意一端用绝缘电阻表测量各相电缆对地的绝缘电阻值。测量时另外两相不接地，以判断某相是否接地。

（2）测量三相电缆各相间的绝缘电阻，以判断有无相间短路。

（3）当故障相电缆绝缘电阻较低时，则可直接用万用表测量各相的对地电阻和相间电阻。

分相屏蔽型电缆常见故障为单相接地，应分别测量每相对地的绝缘电阻。当发生相间故障时，应按照两个单相接地故障对待。在实际运行中，也常发生两点同时接地的故障。

2. 用电缆探伤仪测量电缆故障

用电缆探伤仪测量短路电缆故障，准确度较高。电缆探伤仪的面板如图 3–27 所示。

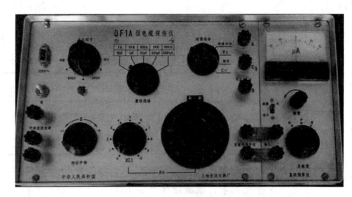

图 3–27　电缆探伤仪的面板

测量故障前，首先测量接地电阻，以确定是否适合电缆探伤仪测量。然后，在电缆另一端接跨接线，也就是用截面积较大的导线将一根完好相芯线与一根故障相芯线短路，并在首端测量完好相芯线和故障相芯线的回路电阻，以检查另一端跨接线是否接好和有无低阻断线。均无问题后进行故障测量。

（1）操作方法

1）将故障相接 B 接线柱，另一端已接跨接线的完好相接 A 接线柱；接地线接 E 接线柱；将电缆探伤仪的两个输入接线柱分别直接接到被测电缆的完好相芯线与故障相芯线上（不应接在电桥引线上），如图 3–28 所示。

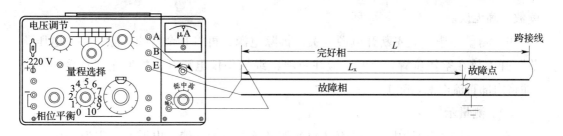

图 3-28　电缆探伤仪的接线

2）将"测量选择"开关调至"绝缘损伤"位置，"量程选择"开关在测量故障时无用，可放在任意位置。

3）将读数电阻 R_X 放在适当位置：B 接故障相时放在 0.5 以下位置，A 接故障相时放在 0.5 以上位置。

4）先将电缆探伤仪开关拨至"放大"，检查其工作是否正常；再将开关拨至"直接"位置，并检查指针是否在零位。

5）调节"电压调节"开关至 15 V 旁的空挡上。

6）接上电源，合上交流 220 V 电源开关。电源指示灯亮，说明电源已接通，可以开始测量。

7）测量时先将"电压调节"开关调至 15 V 以上，调节读数电阻盘 R_X 的值，使指针指零。由于电缆故障电阻大小不一，且在测量过程中仍有可能变化，因此在测量时若发现表头反应不灵敏，则可将电压调至 300 V 或 600 V。若表头反应仍不够灵敏，则可将"电压调节"开关调至空挡（即将电源停下），将"灵敏度"开关拨至低灵敏度位置，再将电缆探伤仪开关拨至"放大"位置，调整"调节"电位器，使指针指零。然后，再将"电压调节"开关调至适当电压进行测量，再进一步调节 R_X 的值，使电桥平衡。此时应注意，每次变换电缆探伤灵敏度开关时，都应将测试的直流电源断开，并重新调整"调节"电位器，使指针指零。

通过上述方法反复调节电缆探伤仪，平衡后，即可读取电缆探伤仪上 R_X 的数值。

按下式算出从测量端到故障点的距离。

$$L_X = R_X \times 2L$$

式中　L_X——从测试点到故障点的距离；

　　　R_X——电缆探伤仪的读数；

　　　L——已知的电缆长度。

8）为了更精确地测出故障点的位置和进行核对，可将接于 A、B 接线柱上的引线对换（A 接故障相，B 接完好相，称为反接法。前者称为正接法），再进行一次测量。此时：

$$L_X = (1 - R_X) \times 2L$$

在前后两种接线方法的测量中，若两次测量值相加等于 1，则可说明两次测量的读数正确无误。

9）测量完毕，应先断开电源开关，拆除电源，再将其余接线拆除，将"电压调节"开关放在空挡位置。此时，应注意将电缆探伤仪电源开关拨回至"直接"位置（即将内部直流电源切除）。

（2）测量示例

在某 10 kV 配电网中，有一条 10 kV 铝芯绝缘电力电缆，电缆截面积为 120 mm^2，长度为 330 m，在预防性试验中 U 相击穿，用 QF1-A 型电桥测得结果如下。

绝缘电阻：三相相间及 V、W 相对地电阻均在 2 000 MΩ 以上；U 相对地经直流试验烧穿后为 9.76 kΩ。

回路电阻：另一端 U、V 相接跨接线，测得回路电阻为 0.194 Ω，连接至电桥的引线电阻为 0.017 Ω，实际回路电阻为 0.194 Ω−0.017 Ω=0.177 Ω。

测量 R_X 值：用正接法测得 R_X=0.236 Ω，用反接法测得 R_X=0.765 Ω。

1）从测量得出的绝缘电阻可以看出，除 U 相接地外，其他相对地和各相间绝缘电阻均良好，属于一相接地故障，可用电桥法测量。

2）根据测量的回路电阻值分析、判断低阻断线和跨接线是否正确。铝导体的电阻率为 0.031 Ω·mm^2/m，U、V 两相的回路电阻应为：

$$R_{UV}=0.031 \times 330 \times 2/120 \text{ Ω}=0.17 \text{ Ω}$$

实际测量为 0.177 Ω，与 0.17 Ω 接近，因此接线正确，接触良好而且无低阻断线。

3）故障点位置的确定。因为 0.236 Ω+0.765 Ω=1.001 Ω，即正接法、反接法测量值之和接近于 1，只差 0.001，因此测量读数准确。

正接法时，故障点为：

$$L_X=R_X \times 2L=0.236 \times 2 \times 330 \text{ m}=155.8 \text{ m}$$

反接法时，故障点为：

$$L_X=（1-R_X）\times 2L=（1-0.765）\times 2 \times 330 \text{ m}=155.1 \text{ m}$$

所以，从正、反测量结果可知，故障点在距测量端 155 m 处。找出故障点的位置，可以挖开电缆沟进行检修。

（3）注意事项

1）电缆探伤仪的计算公式是在电桥完全平衡时才能成立的，因此测量时必须细心调至指零仪中无电流，电桥完全平衡，否则误差很大。

2）电缆探伤仪的计算公式是在电缆各处导线截面和电阻率完全相同的条件下推导出来的，因此，当电缆的截面或电阻率不同时，应另行换算。

3. 采用智能电缆故障测试仪

智能电缆故障测试仪是基于现代计算机技术和电子信息技术研发而成的综合性测试仪器，能对电缆的高阻闪络故障、高低阻性的接地、短路以及电缆的断线和接触不良等故障进行测试。若配备声测法定点仪，还可测定故障点的精确位置。总之，新一代智能电缆故障测试仪特别适用于测试各种型号的电力电缆（电压等级 1 ～ 35 kV）和市话电缆、调频通信电缆、同轴电缆等，最远测试距离达数十公里，探测盲区分辨率达 1 m。

智能电缆故障测试仪通常由微处理器、脉冲信号发生器、输入输出单元、显示及键盘等部分组成。测试仪可根据条件和工作场所不同选用低压脉冲测试法、直流高压闪络法和冲击高压闪络法等测试方法。这里以低压脉冲法为例说明其测试原理。

低压脉冲法的适用范围是通信和电力电缆的断线、接触不良、低阻性接地和短路故障以及电缆的全长和波速的测量。测试原理如图 3-29 所示，当线路输入一个脉冲波时，该脉冲便以速度 v 沿线路传输，当行进距离 L_X 到故障点后被反射折回输入端，其往返时间为 t，于是有 $L_X = \dfrac{1}{2} vt$。

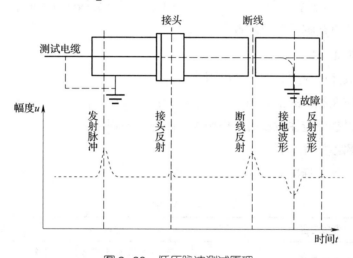

图 3-29 低压脉冲测试原理

测试步骤如下。

（1）将面板上工作方式开关置于"脉冲"（▟）弹出位置。

（2）将测试线插入仪器面板上输入插座内，再将测试线的接线夹与被测电缆相连。若为接地故障应将黑色夹子与被测电缆的地线相连。

（3）断开被测电缆线对应的局内设备（相对外部线路而言的内部电气装置）。

（4）搜索故障回波及判断故障性质。使仪器增益最大，观察屏幕上有无反射脉冲，若没有，则改变测量范围，每改变一挡范围均要观察有无反射脉冲，一挡一挡地搜索并仔细观察，至搜索到反射脉冲为止。故障性质由反射脉冲的极性判断。若反射脉冲为正脉冲，则为开路断线故障；若反射脉冲为负脉冲，则为短路或接地故障。

（5）距离测试，按增益控制键"▲"或"▼"使反射脉冲前沿最陡。然后按光标移动键"◄"或"►" 3 s 左右快速移动，光标移至故障回波的前沿拐点处自动停下，此时屏幕上方显示的距离即为故障点到测试端的距离。

 **技能训练**

1. 训练内容

电缆探伤仪的使用。

2. 训练器材

电缆探伤仪、电工常用工具及仪表等。

3. 训练步骤

（1）熟悉电缆探伤仪的安全使用方法。

（2）由教师模拟设计一电缆故障点。

（3）测量接地电阻。

（4）正确操作电缆探伤仪，完成接线、设置、测试、数据读取和记录、拆线整理等。

（5）根据测量数据计算故障点。

4. 注意事项

（1）测量故障前应先完成接地电阻测量。

（2）训练应在教师的指导和监护下进行，注意接线和拆线的用电安全。

（3）测量过程中应注意设备操作顺序，防止设备损坏。

5. 成绩评定

考核内容及评分标准见表 3-14。

表 3-14　评分标准表

序号	考核内容	配分	评分标准	扣分	得分
1	熟悉仪器使用	20	不熟悉仪器使用方法和安全操作注意事项，此项全扣		
2	测量接地电阻	20	不会测量接地电阻或测量不准确，酌情扣 10 ~ 20 分		
3	探伤仪操作	30	操作不规范、接线错误、设置错误、数据读取误差太大，不按规定拆线和复位，酌情扣 10 ~ 30 分		
4	计算故障点	30	不会计算故障点位置，故障点计算误差太大，酌情扣 10 ~ 30 分		
5	安全文明生产	否定项	严重违反安全文明生产规定，本次考核计 0 分；情节较轻的，酌情在总分中扣 5 ~ 20 分		
6	合计	100			

模块四
变配电所设备的安装

课题一　变配电所电气设备接线图的识读

学习目标

1. 能正确识读一次接线图。
2. 能正确识读二次电气图。

一、一次接线图的识读

变配电所中直接与生产和电能输送有关的设备、装置和元器件称为一次设备，如熔断器、断路器、负荷开关、电流互感器和电力变压器等。由一次设备连接成的线路称为一次接线图。

1. 单台变压器变配电所一次接线图

如图 4-1 所示，电能从 10 kV 电网送到变配电所，首先经过跌落式熔断器 FD 和电缆输送到电力变压器 TM 的一次侧高压隔离开关 QS1 和负荷开关 QLD。由电力变压器减压后经空气断路器 QF1 送到 380 V 母线上。跌落式熔断器 FD 用于短路时保护变压器；隔离开关 QS1 用于变压器 TM 检修时切断变压器与高压电源的联系；负荷开关 QLD 用于正常运行时操作变压器。为了取得高压电流信号供二次线路测量和继电保护用，变压器一次侧电路中接有电流互感器 TA。通常在二次（低压母线）侧装有低压隔离开关 QS2 和空气断路器 QF2 等不同用途的控制和保护电器。另外，为了保证变配电设备在雷雨季节运行安全，通常在一次（高压）侧装有阀形接闪器。

这种接线方式简单，一次（高压）侧无母线，投资少，运行操作方便，但是供电可靠性差。当一次（高压）侧或二次（低压）侧母线上的某一元件发生故障，或电源进线停电时，整个变配电所都要停电，故只能用于第三类负荷。

2. 两台变压器变配电所一次接线图

两台变压器变配电所一次接线常采用单回路供电和双回路供电两种接线方案。

（1）单回路供电

如图 4-2 所示，对于变配电所有两台或多台变压器，或有两条以上高压进、出线时，可采用这种一次（高压）侧单母线的接线方式。它的供电可靠性高，任一变压器检修或发生故障时，通过切换操作，能较快恢复整个变配电所的供电。但在高压母线及电源进线检修或发生故障时，整个变配电所都要停电。

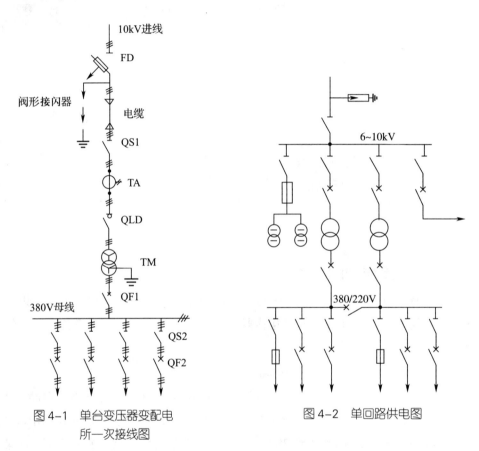

图 4-1　单台变压器变配电
所一次接线图

图 4-2　单回路供电图

如存在与其他变配电所相连的低压或高压联络线，则供电可靠性将提高，常用于一、二类负荷；若无联络线，则多用于二、三类负荷。

（2）双回路供电

如图 4-3 所示，对供电可靠性要求较高，用电量较大的一、二类负荷的电力用户，可采用双回路供电和两台变压器的主接线方案。一次（高压）侧无母线，当任一台变压器停电检修或发生故障时，变配电所可通过闭合低压母线联络开关，迅速恢复对整个变配电所的供电。

对于一类负荷的供电，双回路电源应指两个独立的电源。

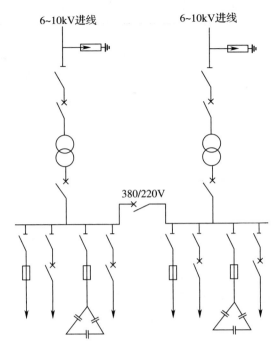

图 4-3 双回路供电图

二、二次电气图的识读

对一次电气设备进行监视、测量、操纵、控制和起保护作用的设备，称为二次设备，如各种继电器、信号装置、测量仪表、控制开关、控制电缆、操作电源和信号电源、低压母线等。二次电气图的表达形式一般有两种：二次电路图（又可分为集中式二次电路图和分开式二次电路图）和二次接线图。二次电路图用于阐述电气工作原理，二次接线图用于描述电气设备的装接关系。

1. 集中式二次电路图

集中式二次电路图也叫整体式原理图，用以表达二次回路的构成、动作过程和工作原理。

以图 4-4 所示集中式定时限过电流保护二次电路图的识读为例。当被保护电路发生单相或三相短路故障时，电流互感器 TA1、TA2 中有短路电流流过，其二次侧电流经电流继电器 KA1 或 KA2（也可以同时），使 KA1 或 KA2（也可同时）的常开触点闭合，时间继电器 KT 的线圈接通电源，经过预先设定的时间后，时间继电器 KT 的常开触点闭合，使中间继电器 KM 的线圈接通电源，中间继电器 KM 的常开触点闭合，接通跳闸线圈 TQ 的电源（断路器 QF1 合闸时，其辅助常开触点 QF2 已闭合），断路器 QF1 跳闸，将线路故障电流切断。中间继电器 KM 动作的同时，信号继电器 KS 的线圈也接通电源，信号继电器 KS 给出信号。

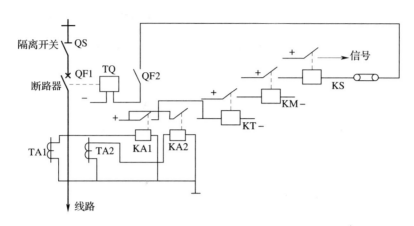

图 4-4 集中式定时限过电流保护二次电路图

通过上面的分析不难看出以下几点。

（1）集中式二次电路图是以器件、元件为中心绘制的电气图，图中器件、元件都以集中的形式表示，如图中的线圈与触点绘制在一起。设备和元件之间的连接关系比较形象直观，使看图者对二次系统有一个明确的整体概念。

（2）为了更好地说明二次线路对一次线路的测量、监视和保护功能，在二次线路中要将有关的一次线路、一次设备绘出。为了区别一次线路和二次线路，一般一次线路用粗实线表示，二次线路用细实线表示，使图面更加清晰、具体。

（3）所有器件和元件都用统一的图形符号表示，并标注统一的文字符号说明，所有电器的触点均以原始状态绘出，即电器均处于不带电、不激励、不工作状态。例如，继电器的线圈不通电，铁芯未吸合，手动开关均处于断开位置，操作手柄置零位，触点处于无外力时的状态。

（4）为了突出表现二次系统的工作原理，图中没有给出二次元件的引出线编号和接线端子的编号；控制电源只标出"+""–"极性，没有具体表示从何引来，信号部分也只标出信号，没有画出具体接线，电路简化，重点突出。但这种图还不具备完整的使用功能，尤其不能按这样的图去接线、查线，特别是对于复杂的二次系统，设备、元器件的连接线很多，采用集中式表示对绘制和阅读都比较困难。

2. 分开式二次电路图

分开式二次电路图也称为展开式原理图。按电源和用途不同，电路大致可分为交流电压电流回路、控制回路（包括手动操作回路和自动控制回路）、测量回路、保护回路、监视回路等二次回路。

以图 4-5 所示分开式定时限过电流保护二次电路图的识读为例。交流电流回路由电流互感器 TA1、TA2 和电流继电器 KA1、KA2 的线圈组成；时间继电器回路由电流继电器 KA1、KA2 的常开触点和时间继电器 KT 的线圈组成；直流跳闸回路由时间继

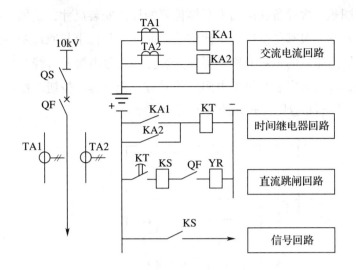

图 4-5　分开式定时限过电流保护二次电路图

电器 KT 的常开延时闭合触点、信号继电器 KS 的线圈、断路器 QF 的辅助触点、跳闸线圈 YR 串联而成；信号回路中信号继电器 KS 常开触点闭合，输出报警信号。

通过上面的分析不难看出以下几点。

（1）分开式二次电路图是以回路为中心，同一个电器的各个元件按作用分别绘制在不同的回路中。例如，电流继电器 KA1、KA2 的线圈串联在交流电流回路中，其触点绘制在时间继电器回路中。

（2）同一个电器的各个元件应标注同一个文字符号，对于同一个电器的各个触点也可用数字来区分。

（3）分开式二次电路图可按不同的功能、作用、电压高低等划分为各个独立回路，并在每个回路的右侧注有简单的文字说明，分别说明各个回路及主要元器件的功能和作用，便于调试、检修二次回路。

（4）线路可按动作顺序，从上到下、从左到右平行排列。线路可以编号，用数字或文字符号加数字表示，变配电系统中电路有专用的数字符号表示。

3．二次接线图

二次设备安装接线图简称二次接线图，主要用于对二次设备及线路的安装、接线、测试、查线、维护和故障处理等，主要包括屏面布置图、端子排图、屏背面接线图、二次电缆敷设图及联系图等。

（1）二次设备屏主要有两种类型：一种是在一次设备开关柜屏面上方设计一个继电器小室，屏侧面有端子排室，屏正面安装有信号灯、开关、操作手柄及控制按钮等二次设备；另一种是专门用来放置二次设备的控制屏，这类控制屏主要用于较大型变配电站的控制室。

屏面布置图是二次设备在屏面上具体位置的详细安装尺寸，是加工厂用来装配屏面设备的依据。它一般都是按照一定比例绘制而成，并标出与原理图一致的文字符号和数字符号。屏面布置的一般原则是屏顶安装控制信号电源及母线，屏后两侧安装端子排和熔断器，屏上方安装少量的电阻、信号灯、光字牌、按钮、控制开关和有关的模拟电路。常见屏面布置图样式如图 4-6 所示。

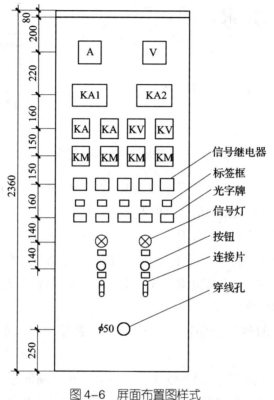

图 4-6　屏面布置图样式

（2）端子排是屏内与屏外各安装设备之间连接的转换回路。端子排的排列样式及应用如图 4-7 所示。

（3）屏背面接线图又称盘后接线图，它以展开式接线图、屏面布置图与端子排图为依据，是屏内配线、接线和查线的主要参考图。接线图中，元器件、部件和设备等一般采用简化的外形符号表示，如矩形、正方形、圆等。导线的表示和标记采用相对标记法，即在本端的端子处标记远端所连接的端子号，如没有标号表明该端子是空着的。

如图 4-8 所示，电流继电器 KA1 的 1 号端子标号 I：5 和 I2：1，表明该端子应与端子排 I 的 5 号端子和电流继电器 KA2 的 1 号端子相连，同样在端子排 I 的 5 号端子和电流继电器 KA2 的 1 号端子分别标 I1：1；表明这两个端子是与 I1 设备（即电流继电器 KA1）的 1 号端子相连，两者遥相呼应，分别标注对方的标号；其他端子也是如此。

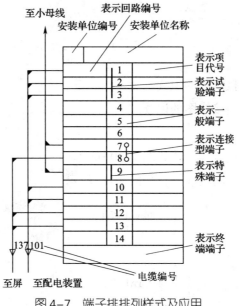

图 4-7 端子排排列样式及应用

（4）在复杂系统二次接线图中，有许多二次设备分布在不同地方，这就需要画出二次电缆敷设图，表示实际安装敷设的方式和设备之间的联系。

如图 4-9 所示，变压器、电压互感器和断路器编为同一安装单元 I，按二次电缆编号的原则（具体规定可查电工相关专业手册），将变压器屏与控制屏之间的连接电缆编为 IB126，将电压互感器屏和控制屏之间的连接电缆编为 IYH121，将电源进线屏和控制屏之间的连接电缆编为 IDL114。

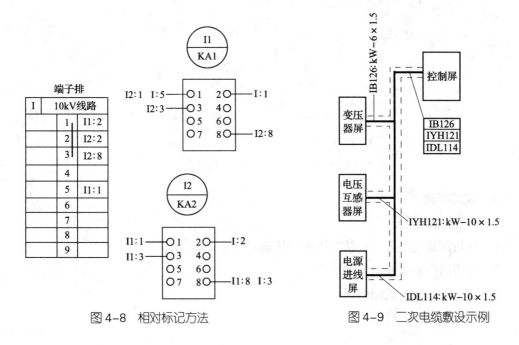

图 4-8 相对标记方法　　　　　图 4-9 二次电缆敷设例

103

技能训练

1. 训练内容

（1）变配电所一次接线图的识读。

（2）变压器二次回路接线图的识读。

2. 训练器材

（1）某变配电所一次接线图，如图4-10所示。

（2）某变压器二次回路接线图，如图4-11所示。

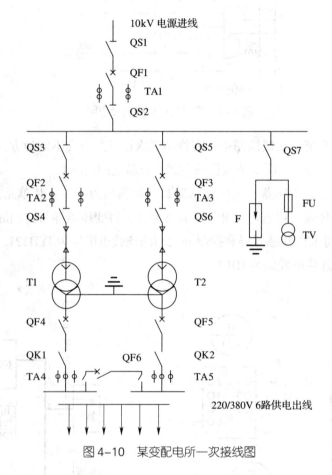

图4-10　某变配电所一次接线图

3. 训练步骤

（1）一次接线图分析

1）分析该变配电所一次接线图电能传输过程。

2）分析图中各主要电器的作用。

3）分析该一次接线图的优缺点。

（2）二次接线图分析

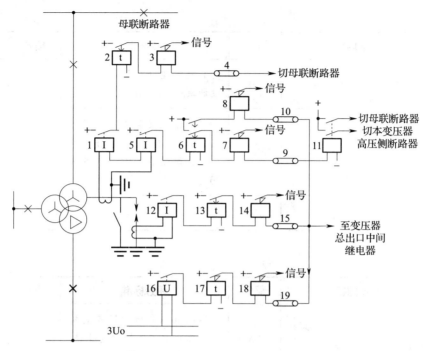

图 4-11　某变压器二次回路接线图

1）分析中性点直接接地零序电流保护控制过程。

2）分析中性点间隙接地保护控制过程。

3）分析零序电流保护控制过程。

4）分析零序电压保护控制过程。

4. 注意事项

略

5. 成绩评定

（1）一次接线图分析考核内容及评分标准见表 4-1。

（2）二次接线图分析考核内容及评分标准见表 4-2。

表 4-1　评分标准表

序号	考核内容	配分	评分标准	扣分	得分
1	分析该接线图电能传输过程	30	不能正确分析电能传输过程，酌情扣 10～30 分		
2	分析图中各主要电器的作用	30	不能准确分析各电器作用，每个电器扣 5 分		
3	分析该接线图的优点	20	不能准确把握该图优点，酌情扣 10～20 分		

续表

序号	考核内容	配分	评分标准	扣分	得分
4	分析该接线图的缺点	20	不能客观分析该图存在的设计缺点，扣 10 ～ 20 分		
5	安全文明生产	否定项	严重违反安全文明生产规定，本次考核计 0 分；情节较轻的，酌情在总分中扣 5 ～ 20 分		
6	合计	100			

表 4-2　评分标准表

序号	考核内容	配分	评分标准	扣分	得分
1	分析中性点直接接地零序电流保护控制过程	25	不能准确分析中性点直接接地零序电流保护控制过程，酌情扣 10 ～ 25 分		
2	分析中性点间隙接地保护控制过程	25	不能准确分析中性点间隙接地保护控制过程，酌情扣 10 ～ 25 分		
3	分析零序电流保护控制过程	25	不能准确分析零序电流保护控制过程，酌情扣 10 ～ 25 分		
4	分析零序电压保护控制过程	25	不能准确分析零序电压保护控制过程，酌情扣 10 ～ 25 分		
5	安全文明生产	否定项	严重违反安全文明生产规定，本次考核计 0 分；情节较轻的，酌情在总分中扣 5 ～ 20 分		
6	合计	100			

课题二　变配电所设备的安装

学习目标

1. 能完成变压器的吊芯检查及绝缘电阻和吸收比的测试。
2. 能完成隔离开关的检查与试验。
3. 能完成高压断路器的安装与调整。

一、变压器的检查与测试

1. 变压器吊芯检查

（1）熟悉吊芯检查的气候条件

1）变压器吊芯检查一般在干燥清洁的室内或晴朗天气的室外进行。

2）如果在冬天施工，周围空气温度不得低于 0 ℃，变压器芯温度应高于周围温度 10 ℃。

3）变压器芯在空气中的暴露时间，干燥天气不应超过 16 h（相对湿度不大于 65%），潮湿天气不应超过 12 h（相对湿度不大于 75%）。时间计算从放油开始，到注油时止。

4）雨天或雾天不宜进行吊芯检查。如遇特殊情况应在室内进行，而室内的温度应比室外温度高 10 ℃，室内的相对湿度不应超过 75%。变压器运到室内后应停放 24 h 以上。

（2）吊芯前的准备

1）准备工具、机具及材料。准备工具、材料，如各种活扳手、绝缘带（白布带、黄蜡带、塑料带）、绝缘纸板及垫放变压器芯的道木和存放变压器油的油桶等；准备好适量的 6 ~ 10 mm 厚的耐油橡胶垫，以备更换。准备起重设备，可用起重机或手动链式起重器（如用手动链式起重器，必须根据变压器的高度和质量搭好三脚架，三脚架应牢固）；并准备好长度适中的木撑。

2）放平油箱进行试吊。要把两条钢丝绳取中挂在吊钩上。要使钢丝绳长度略大于变压器至吊钩距离的两倍。为避免吊环受力变形，应使钢丝绳与吊环垂直线之间夹角不大于 30°。如不能满足要求，可用方木横撑钢丝绳，使钢丝绳与吊环之间的夹角变大。要注意吊钩中心与变压器重心在同一条直线上时，拧紧箱盖上吊环的螺栓即可。

试吊时，先将变压器整体吊起，离开地面 30 mm 左右，使变压器与起重设备成垂直状态，然后放下。

3）放油。变压器油枕高出变压器大盖，卸开大盖时油会溢出。因此，在拆除变压器箱盖螺栓前，应先将油箱中的油放出一部分。对装有储油柜的变压器，应将油放至箱盖密封胶垫水平以下；不带储油柜的则放至线套管以下。

4）卸螺栓。卸开油箱顶盖与箱体之间的螺栓，准备起吊。

（3）吊芯

起吊时应缓慢上升，使变压器芯不碰撞油箱，还要注意不要使变压器套管、散热管受力或碰撞。吊出的变压器芯底部高出油箱后，架放在油箱上滴油，然后将变压器芯放在干净的枕木上。搭建的临时作业架要稳固可靠，应便于上下行动，便于进行检查。

（4）变压器芯检查

变压器芯检查应有专人记录，将发现的问题和处理结果记录在表 4-3 中。检查方法如下。

1）先用干净的白布擦净绕组、铁芯及支架、绝缘隔板。

2）检查有无铁渣等金属物附着在变压器芯上。

3）拧紧变压器芯上的全部螺栓。

4）检查绕组两端的绝缘楔有无松动、变形。如有松动或变形，要用绝缘板垫好。

5）检查绕组抽头切换装置动作是否正常、灵活，触点接触是否严密，引出线是否牢固。

6）检查铁芯上、下接地片接触是否良好。用 500 V 或 1 000 V 绝缘电阻表测铁芯对地绝缘电阻（拆开接地螺栓，使铁芯不接地）和穿心螺栓的绝缘电阻，一般 10 kV 变压器不小于 2 MΩ。如不符合要求，可检查绝缘套管有无损坏。套管损坏不能修复的，需更换新套管。若绝缘电阻仍不合格，必须对变压器进行干燥处理。

7）检查油箱及耐油密封胶条。用干净的木杆装上磁铁下到油箱内，检查油箱内有无金属物。检查并铺好耐油密封胶条，新换密封胶条的搭接口应是斜坡搭接，应用 502 胶黏合。

表 4-3　变压器芯检查的工作记录表

变压器规格＿＿＿＿＿＿＿＿＿＿＿　　　　编号＿＿＿＿＿＿＿＿＿＿＿

检查人：　　　　　　　　　　　　　检查日期：　　年　　月　　日

序号	检查项目	工作内容	备注

2. 变压器绝缘电阻和吸收比的测试

（1）准备试验用仪器、仪表和工具，主要有绝缘电阻表、常用电工工具、高压绝缘棒、绝缘垫等。其中，绝缘电阻表的选择应视被测试变压器的额定电压或容量而定。一般情况下，电压为 10 kV 及以下、容量为 630 kV·A 以下的电力变压器，应选用 2 500 V 绝缘电阻表进行测量；电压为 35 kV、容量为 800～6 300 kV·A 的电力变压器应选用 5 000 V 绝缘电阻表进行测量。

（2）断开变压器电源，拆除一切对外引线，将其接地并充分放电，放电时间不得少于 2 min。放电时应使用绝缘棒、绝缘手套、绝缘钳等，禁止用手直接接触放电导线。

（3）用清洁、柔软的布擦拭高压、低压瓷套管表面的污垢。

（4）测量高压绕组对地绝缘电阻。图 4-12 所示为测量高压绕组对地绝缘电阻的接线图。

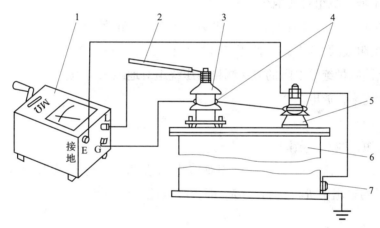

图 4-12 测量高压绕组对地绝缘电阻的接线图
1—绝缘电阻表 2—高压绝缘棒 3—高压瓷套管
4—屏蔽圈 5—低压瓷套管 6—被测变压器 7—变压器接地螺栓

1）连接屏蔽圈。为了测量准确，可在所有的瓷套管绝缘子上套屏蔽圈，并将它们都短接到绝缘电阻表的"G"端子上。

2）绝缘电阻表试验。将绝缘电阻表水平放置，断开绝缘电阻表的"E"和"L"端子，以 120 r/min 的速度摇动绝缘电阻表手柄，指针指向"∞"为正常。接着，将绝缘电阻表的"E"和"L"端子短接，轻轻摇动绝缘电阻表手柄，指针迅速指向"0"刻度为正常。否则，该绝缘电阻表不能使用。

3）将低压绕组与外壳一起短接后接地，并接到绝缘电阻表的"E"端。

4）将绝缘电阻表平稳放在绝缘垫上，试验者也站在绝缘垫上，以 120 r/min 的速度匀速摇动绝缘电阻表，待指针稳定后开始读数。

5）读数后，继续摇动绝缘电阻表，直到将高压绝缘棒所接"L"端与高压绕组分开后方可停止摇动，防止损坏绝缘电阻表。

6）用高压绝缘棒另接一根接地线，碰触高压绕组，时间不少于 2 min，以使变压器能够充分放电。

7）填写试验记录单。

（5）测量高压绕组对低压绕组绝缘电阻

1）将图 4-12 中的低压绕组与外壳的连接线断开，变压器外壳仍接地，绝缘电阻表的"E"端仍接低压绕组的出线端，其他接法不变。

2）高压绕组对低压绕组绝缘电阻的测量过程与测量高压绕组对地绝缘电阻的方法相同。

3）测量完毕，需对高压、低压绕组充分放电。

4）填写试验记录单。

（6）测量低压绕组对地绝缘电阻

1）将图 4-12 所示高压绕组的出线头接到变压器的外壳接地螺栓上并可靠接地，再接到绝缘电阻表的"E"端；低压绕组接到绝缘电阻表的"L"端。

2）用上述测量绝缘电阻的方法测量低压绕组对地绝缘电阻。

3）测量完毕，放电。

4）填写记录单。

5）拆去短接线和屏蔽圈。

（7）测量吸收比。按上述方法用绝缘电阻表测量，分别读取 15 s 时的电阻值 R_{15} 和 60 s 时的电阻值 R_{60}，则 R_{60}/R_{15} 即为吸收比。试验完毕，将测得数据填入记录单。

（8）分析试验结果。变压器绕组的绝缘电阻可与出厂值进行比较，相同温度下应不低于出厂值的 70%。若无出厂值，可参考表 4-4 中的值。在温度为 10 ~ 30 ℃时，3.5 kV 及以下变压器的吸收比应大于等于 1.3。

表 4-4　油浸式电力变压器绕组绝缘电阻的允许值　　　　　　　MΩ

电压等级	温度（℃）							
	10	20	30	40	50	60	70	80
3 ~ 10 kV	450	300	200	130	90	60	40	25
20 ~ 35 kV	600	400	270	180	120	80	50	35
35 kV 以上	1 200	800	540	360	240	160	100	70
1 kV 以下	100	50	25	13	7	4	3	2

通过测量变压器绝缘电阻和吸收比，可以初步判断变压器绝缘性能：检查有无放电、击穿痕迹所形成的贯通性局部缺陷；检查有无瓷套管开裂、引线碰地、器身内有铜线搭桥等现象所造成的半通性或金属性短路缺陷。但是，测量绝缘电阻和吸收比不能发现未贯通的集中性缺陷、整体老化及游离缺陷。

二、隔离开关的安装与试验

1. 外观检查

（1）检查开关的型号、规格是否与设计选定相符。

（2）检查零件有无损坏；检查刀开关及触点有无变形。如不正常，按规定应进行矫正。

（3）检查可动刀开关与触点接触情况。如果触点上有铜氧化层，应用细砂布擦净，然后涂上凡士林油。用 0.05 mm×10 mm 塞尺检查刀片接触情况，线接触点应塞不进去；在接触表面宽度为 50 mm 及以下时，面接触处的塞入深度应不超过 4 mm；在接触表面宽度为 60 mm 及以上时，塞入深度不应超过 6 mm。隔离开关的线接触、面接触检查如图 4-13a、b 所示。

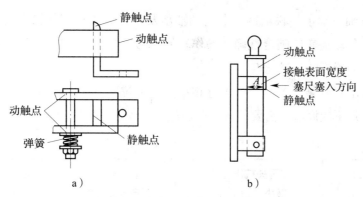

图 4-13 隔离开关的触点接触检查

a）隔离开关的线接触检查　b）隔离开关的面接触检查

（4）操作机构的零部件应齐全，所有固定连接部分应紧固，转动部分应涂以适合当地气候条件的润滑脂。

2. 安装步骤

（1）用人力或滑轮吊装。把开关本体放于安装位置，使开关底座上的孔眼套入基础螺栓，稍拧紧螺母，用水平尺和线锤找正、找平位置，然后拧紧基础螺母。

（2）安装操作机构。将操作机构固定在事先埋设好的支撑架上，并使其扇形板与隔离开关上的传动转杆在同一垂直平面上。

（3）连接操作拉杆。连接拉杆之前，应将弯连接头连接在开关的传动转杆（即转轴）上，直连接头连接在扇形板的舌头上，然后把调节元件拧入直连接头。操作拉杆应在开关和操作机构处于合闸位置时装配。首先测好操作拉杆的长短，然后下料。拉杆一般用直径为 20 mm 的黑铁管（不用镀锌管的原因是其力学性能不如黑铁管）。拉杆加工完毕，将其一端与弯连接头焊接，另一端与调节元件焊接。如果用销钉连接，则应先在操作拉杆、弯连接头及调节元件上钻孔，然后再组装。

（4）隔离开关的底座和操作机构的外壳应安装接地螺栓。安装时，应将接地线的一端接在接地螺栓上；另一端与接地网接通，使其妥善接地。

3. 初步检查

（1）支柱绝缘子应垂直于底座平面（V 形隔离开关除外），且连接牢固；同一绝缘子柱的各绝缘子中心线应在同一垂直线上；同相各绝缘子柱的中心线应在同一垂直平面内。安装时可用金属垫片校正其水平或垂直偏差，使触点相互对准且接触良好。

（2）拉杆的内径应与操作机构转轴的直径相配合，两者间的间隙不应大于 1 mm；连接部分的锥形销子不应松动。当拉杆损坏或折断可能接触带电部分而引起事故时，应加装保护环。

（3）延长轴、轴承、联轴器、中间轴轴承及拐臂等传动部件的安装位置应正确，固定应牢靠。传动齿轮应啮合准确，操作轻便灵活。定位螺钉应调整适当，并加以固定，防止传动装置拐臂超过死点。

（4）检查触点弹簧及其压力。可分相从刀开关拉出刀片，拉力应符合表 4-5 所列范围。拉出刀片不应润滑，需要的压力可通过调节固定螺母达到。

表 4-5　隔离开关刀开关拉力

隔离开关的 额定电流（A）	刀开关拉出时的 最小拉力（N）	隔离开关的 额定电流（A）	刀开关拉出时的 最小拉力（N）
400	100	2 000	800
600	200～250	3 000	800
1 000	400		

注：①拉力是指一相的数值。
　　②表中所列拉力为接点压力数值的 30%～35%。

（5）清洁和润滑隔离开关及传动装置。润滑前，先用软钢丝刷或砂纸轻擦接触部分，再用浸汽油的抹布或砂布擦净；然后，上润滑脂。机械部分摩擦的润滑：当温度为 0 ℃及以上时，用凡士林油或润滑脂；当温度低于 0 ℃时，用特别的防冻油进行润滑。导电体接触部分的表面使用中性的凡士林油进行润滑。

4. 安装整定

隔离开关、操作机构和连杆安装后，应对隔离开关进行整定。调整项目、要求及方法详见表4-6。

表4-6 隔离开关的整定

序号	项目	要求	方法
1	刀片位置	（1）无侧向撞击 （2）插入深度符合要求：可动刀片进入插口的深度应不小于90%，但也不应过大，以免冲击绝缘子的端部；可动刀片与固定触点的底部应保持3～5 mm的间隙	（1）缓慢合闸，观察可动刀片有无侧向撞击。如果有旁击现象，可改变固定触点的位置，使可动刀片刚好进入插口 （2）若刀片插入深度不符合要求，可将直连接头拧进或拧出，从而改变操作拉杆的长度和调节开关轴上的制动螺栓，或改变轴的旋转角度
2	刀片同步性	合闸时，三相刀片应同时投入，35 kV以下的隔离开关，各相前后相差不得大于3 mm	缓慢合闸，当一相开始接触固定触点时，用尺测量其他两相与固定触点的距离，此距离不得超过3 mm。当不能达到要求时，可调整升降绝缘子（即操作绝缘子）连接螺栓的长度，或改变动刀片的位置，使三相刀片同时投入
3	刀片张角	开关分闸时，其刀片的张开角度应符合制造厂的规定。如果制造厂无规定，GN2系列高压隔离开关可参照图4-14和表4-7所示数值进行检验。如果不符合要求应进行调整（其他型号的隔离开关，读者可查阅相关工程技术手册）	调整操作拉杆的长度和操作杆在扇形板上的位置
4	刀片压力	可动刀开关与触点应接触良好，刀片压力应符合要求	按规定调整触刀两边的弹簧压力
5	辅助触点	若开关带有辅助触点，应进行调整。合闸信号触点（动合触点）应在开关合闸行程80%～90%时闭合，分闸信号触点（动断触点）应在开关分闸行程75%时闭合	改变耦合盘的角度进行调整

5. 试验要求

（1）绝缘电阻试验。整体绝缘电阻不做具体规定，可与出厂试验结果比较判断。

（2）接触电阻试验。检查刀开关与静触点的接触电阻，一般额定电流为600 A的高压隔离开关的接触电阻为 150 ~ 175 μΩ，1 000 A 的为 100 ~ 120 μΩ，2 000 A 的为 40 ~ 50 μΩ。

（3）耐压试验。一般情况下，隔离开关在投入运行前不另做耐压试验，而是与母线一起进行。

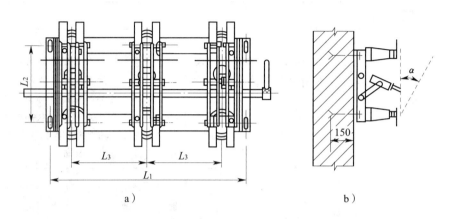

a）　　　　　　　　　　　　　　　　b）

图 4-14　隔离开关安装尺寸和刀片张开角度
a）隔离开关安装尺寸　b）隔离开关刀片张开角度

表 4-7　隔离开关安装尺寸和刀片张开角度

隔离开关型号	尺寸（mm）			α（°）
	L_1	L_2	L_3	
GN 2-6/400 ~ 600	580	280	200	41
GN 2-10/400 ~ 600	680	350	250	37
GN 2-10/1000 ~ 2000	910	346	350	37

三、断路器的安装与调整

1. 安装前的检查

检查少油断路器型号、电压等级、容量、产品合格证及操动机构等附件配套是否符合设计要求；进行外观检查，少油断路器及操动机构的所有部件与备件应齐全，无锈蚀或机械损伤，套管绝缘表面应无裂纹、破损等缺陷；绝缘部件不应有变形、受潮现象；油箱焊缝应良好，外部油漆完整；少油断路器和操动机构的所有固定连接部分应紧固，转动部分应灵活，并涂以润滑油脂；绝缘电阻应符合要求。

2. 断路器的安装

（1）基础找平。要求安装的基础构架应水平垂直，不歪斜，连接部分牢固。

（2）吊装。先在地面上进行单相组装，然后分相吊到基础上，并用螺栓紧固。

（3）检查。安装完毕，应检查断路器各相中心距尺寸是否符合要求：固定式应为（250 ± 2）mm；小车式应为（190 ± 2）mm。带电部分与金属接地之间最小间隙不小于100 mm。

3. 断路器的拆装

断路器出厂时已由制造厂严格装配、调整和试验，一般情况下可不拆装其内部结构。下面介绍在检修情况下断路器的拆装操作。

（1）拆卸时，先拆上、下接引线，拧开放油阀，放油；拆下传动轴拐臂与绝缘连杆的连接。

（2）拧开顶罩螺栓，拆下顶罩帽子。

（3）取出静触点和绝缘套筒，检查触点烧损情况。

（4）用专用工具拧开螺纹压圈，逐次取出灭弧片。注意先后次序，给每片喷口的摆放方向及底部衬圈的定位方向做好记号。

（5）拧开绝缘筒内的螺栓，取下铝压圈、套筒和下引线座。

（6）取出滚动触点后，向上拉起导电杆，拔除导电杆尾部与连板连接的销子，取出导电杆。若需拆卸缓冲器，可从底部拧下固定螺栓。

（7）组装。检查、清洗、擦净各部件（必要时更换），检查各处密封圈，确认齐全完好后方能进行断路器的本体组装。检查油位指示器和放油阀等处的密封情况，确认密封情况良好，然后按拆卸的相反顺序进行组装。

4. 断路器的调整

断路器的调整包括断路器本体的调整、操动机构的调控和操作试验三项内容。这里只要求掌握断路器本体的调整内容和工艺要求。少油断路器的本体调整具体方法如下。

（1）触点接触的调整。拔出绝缘连杆一端的开口销钉，卸下断路器顶罩的铝帽和静触点，用手转动拐臂，检查导电杆的运动是否灵活和准确。移动支柱绝缘子或增减支柱绝缘子与油箱之间的垫片，都可以改变油箱在支座上的安装位置和垂直度，从而消除导电杆运动时的摩擦现象。变动油箱在支座上的位置时，要保持相邻两油箱中心线之间的距离为（250 ± 2）mm。

（2）调整灭弧片上端面至上引线座上端面的距离。SN 10–10 Ⅰ /630–1000 型断路器，隔弧片上端面至绝缘筒上端面的距离应为（63 ± 0.5）mm；SN 10–10 Ⅱ /1000 型断路器，隔弧片上端面至上引线座上端面的距离为（135 ± 0.5）mm；SN 10–10 Ⅲ /1250–3000 型断路器，隔弧片上端面至上引线座上端面的距离为（153 ± 0.5）mm。如果达不到要求，可以调整隔弧片之间的垫片数目。

（3）调整导电杆合闸位置的高度。用电动操作使断路器合闸。SN 10–10 Ⅰ /630–1000 型断路器，导电杆上端面至上引出线上端面的距离应为（130 ± 1.5）mm；SN

10–10 II /1000 型断路器，导电杆上端面至触点架上端面的距离应为（120±1.5）mm；SN 10–10 III /1250–3000 型断路器，主油筒导电杆上端面至触点架端面的距离应为136 mm。达不到上述要求时，可以调整绝缘连杆的长短，如图 4–15 所示；也可以调整主轴到操动机构的传动连杆的长短。调短连杆，就能使上述尺寸减小，超行程增大；调长连杆，则使上述尺寸增加，超行程减小。

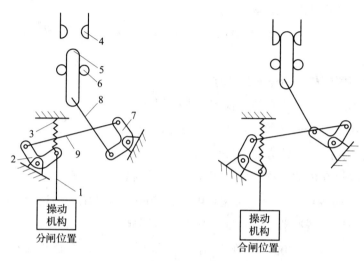

图 4–15 传动机构简图
1—传动连杆 2、7—拐臂 3—分闸弹簧
4—静触点 5—导电杆 6—滑动触点 8、9—绝缘连杆

（4）调整导电杆的总行程。SN 10–10 I /630–1000 型断路器，总行程为（145±3）mm；SN 10–10 II /1000 型断路器，总行程为（155±3）mm；SN 10–10 III /1250–3000 型断路器，主筒导电杆行程为（157±3）mm，副筒导电杆行程为 66 mm。如果达不到要求，可以增减分闸限位器的铁片和橡皮垫片数，但要注意调整后应不影响导电杆的总行程。当断路器处于分闸状态时，紧靠分闸限位器的滚子不能自由转动。

（5）调整不同极性。要求三相分闸不同极性间高度误差不大于 2 mm。如果不符合要求，可以调整各相绝缘连杆的长度。调整绝缘连杆时，不能影响导电杆的合闸位置高度。一般来说，在保证导电杆合闸位置高度不超过 ±2 mm 的误差时，可以不做三相分闸不同极性测量。

（6）调整合闸弹簧缓冲器。当断路器处于合闸位置时，拐臂的终端滚子打在缓冲器上，终端滚子距缓冲器的极限位置还应留有 2 ~ 4 mm 的间隙。

（7）调整导电杆、静触点的同心度。将静触点的固定螺栓松开，手动合闸几次，用导电杆向上插入静触点的力，使静触点稍做移动，达到自动调节同心度的目的。最后拧紧静触点的固定螺栓。

（8）测量刚合、刚分速度。这是指刚合前和刚分后 0.01 s 内的平均速度。可用电磁振荡器或示波器、数字显示器测量刚合、刚分速度。SN 10–10 Ⅰ/630–1000 型断路器，刚合、刚分点为离合闸位置 25 mm 处，刚合、刚分速度不小于 3.5 m/s；SN 10–10 Ⅱ/1000 型断路器，刚合、刚分点为离合闸位置 27 mm 处，刚合、刚分速度不小于 4 m/s；SN 10–10 Ⅲ/1250–3000 型断路器，刚合、刚分点为离合闸位置 42 mm 处，刚合速度（主筒）不小于 4 m/s，刚分速度为（3±0.3）m/s。如果达不到要求，可调整分闸弹簧的松紧程度。

 技能训练

1. 训练内容

（1）变压器吊芯检查。

（2）变压器绝缘电阻和吸收比测试。

（3）隔离开关安装。

（4）断路器安装。

2. 训练器材

变压器、常用电工工具、绝缘电阻表、高压绝缘棒、绝缘垫、GN2–10/2000 型户内高压隔离开关（或现场其他型号的隔离开关）、SN10–10 断路器（或现场具备的其他型号断路器）、起重机等。

3. 训练步骤

（1）变压器吊芯检查

1）判断吊芯检查的气候条件是否满足要求。

2）做好吊芯前的准备工作。

3）吊芯操作。

4）变压器芯检查，并将检查结果记入记录表中。

（2）变压器绝缘电阻和吸收比测试

1）准备试验技术资料和器材、工具。

2）断开电源，并放电。

3）测量高压绕组对地绝缘电阻。

4）测量高压绕组对低压绕组绝缘电阻。

5）测量低压绕组对地绝缘电阻。

6）测量吸收比。

7）分析试验结果。

（3）隔离开关安装

1）外观检查。

2）本体安装。

3）初步检查。

4）安装，整定。

5）技术试验。

（4）断路器安装

1）安装前检查。

2）安装断路器。

3）断路器调整。

4. 注意事项

（1）变压器绝缘电阻和吸收比测试的注意事项

1）试验连接导线必须绝缘良好，线间不交差，不碰触金属外壳。

2）绝缘电阻表应远离强磁场，水平放置在绝缘垫上。

3）每次测试完毕都必须充分放电，放电时间不能少于 2 min。

4）测试及绕组对地放电时，应该用高压绝缘棒操作绝缘电阻表"L"端。

5）测量时，应记录变压器上层油温和气温情况，以便对测试结果进行分析。规定试验测定的变压器绕组连同套管的绝缘电阻不得低于出厂试验值的 70%，通常 20 ℃时 10 kV 绕组连同套管的绝缘电阻不小于 300 MΩ，1 kV 以下的绕组不小于 50 MΩ。

（2）安装与调整隔离开关的注意事项

1）隔离开关的闭锁装置应动作灵活、准确可靠；带有接地刀刃的隔离开关，接地刀刃与主触点间的机械闭锁应准确可靠。

2）开关操作机构手柄的位置应正确，合闸时手柄向上，分闸时手柄向下。合闸与分闸操作完毕，其弹性机械销应自动进入手柄末端的定位孔中。

3）开关调整完毕后，应将操作机构的全部螺栓固定好，所有的开口销子必须分开，并进行数次分、合闸操作，以检验开关的各部分是否有变形和失调现象。

（3）调整断路器的注意事项

1）组装时，应注意隔弧片的组合顺序和方向。灭弧室内横吹要畅通，横吹口的方向为引出线的反方向。装静触点前，先检查触点架上的密封圈与触点座内的逆止阀。装顶罩时，V 相顶罩排气孔的方向与引出线方向相反，U、W 两相顶罩的排气孔向两侧分开，与 V 相的排气孔方向相差 45° 角。

2）注入合格变压器油，检查油箱有无漏油现象。断路器油箱无油时，不允许进行少油断路器分、合闸的操作。因为无油时油缓冲器不起作用，会损坏机件。进行断路器分、合闸操作所必需的注油量不得少于 1 kg，一组少油断路器的注油量为 5 ~ 8 kg。

5. 成绩评定

变压器吊芯检查的考核内容及评分标准见表 4-8。

表4-8 评分标准表

序号	考核内容	配分	评分标准	扣分	得分
1	判断气候条件	20	不能正确判断吊芯检查的气候和环境条件，酌情扣10~20分		
2	吊芯准备	20	不能做好变压器吊芯前的各项准备工作，酌情扣10~20分		
3	吊芯操作	20	吊芯操作不规范，酌情扣5~10分 吊芯安全防护措施不到位，酌情扣5~10分		
4	变压器芯检查	40	检查步骤不正确，扣5分 检查项目不完整，一项扣5分 检查方法不规范，酌情扣5~10分 记录表中数据填写不完整、不正确，一项扣2分		
5	安全文明生产	否定项	严重违反安全文明生产规定，本次考核计0分；情节较轻的，酌情在总分中扣5~20分		
6	合计	100			

变压器绝缘电阻和吸收比测试的考核内容及评分标准见表4-9。

表4-9 评分标准表

序号	考核内容	配分	评分标准	扣分	得分
1	测试前准备技术资料及器材；断开电源，并放电	10	准备不足，酌情扣5~10分		
2	测量高压绕组对地绝缘电阻	20	不能规范操作，科学获得测试数据，酌情扣10~20分		
3	测量高压绕组对低压绕组绝缘电阻	20	不能规范操作，科学获得测试数据，酌情扣10~20分		

序号	考核内容	配分	评分标准	扣分	得分
4	测量低压绕组对地绝缘电阻	20	不能规范操作，科学获得测试数据，酌情扣 10 ~ 20 分		
5	测量吸收比	20	不能规范操作，科学获得测试数据，酌情扣 10 ~ 20 分		
6	分析试验结果	10	不能通过比较出厂值，判断变压器性能，酌情扣 5 ~ 10 分		
7	安全文明生产	否定项	严重违反安全文明生产规定，本次考核计 0 分；情节较轻的，酌情在总分中扣 5 ~ 20 分		
8	合计	100			

隔离开关安装的考核内容及评分标准见表 4-10。

表 4-10   评分标准表

序号	考核内容	配分	评分标准	扣分	得分
1	外观检查	10	不能对所安装的电器做完整的外观检查，酌情扣 5 ~ 10 分		
2	本体安装	30	不能正确就位安装隔离开关，酌情扣 10 ~ 30 分		
3	初步检查	10	就位安装后不能完成初步检查，酌情扣 5 ~ 10 分		
4	安装，整定。整定项目包括刀片位置、刀片同步性、刀片张角、刀片压力、辅助触点	20	不能完成各项目整定，一项扣 6 分		
5	技术试验。试验项目包括绝缘电阻试验、接触电阻试验、耐压试验	30	不能完成各项目的试验，一项扣 10 分		

序号	考核内容	配分	评分标准	扣分	得分
6	安全文明生产	否定项	严重违反安全文明生产规定，本次考核计0分；情节较轻的，酌情在总分中扣5～20分		
7	合计	100			

断路器安装的考核内容及评分标准见表4-11。

表4-11 评分标准表

序号	考核内容	配分	评分标准	扣分	得分
1	安装前检查。具体项目包括检查少油断路器型号、电压等级、容量、产品合格证及操动机构等附件配套是否符合设计要求；检查外观	20	不能详细检查相关项目，酌情扣10～20分		
2	安装断路器。具体项目包括基础找平；吊装；检查各相中心距尺寸是否符合要求	60	不能规范安装断路器，每项酌情扣10～20分		
3	断路器调整。具体项目包括触点接触的调整；灭弧片上端面至上引线座上端面距离的调整；导电杆合闸位置高度的调整	20	不能对具体项目进行准确调整，酌情扣10～20分		
4	安全文明生产	否定项	严重违反安全文明生产规定，本次考核计0分；情节较轻的，酌情在总分中扣5～20分		
5	合计	100			

课题三 低压配电柜和动力配电箱的安装和配线

学习目标

1. 能完成低压配电柜的安装和配线。
2. 能完成动力配电箱的安装和配线。

一、配电柜配线的操作方法

1. 配线前的准备

首先，识读二次接线图，明确线路中的元器件及连接关系。其次，根据二次接线图上所绘出的回路编号，用号码打印机在号码管上打字。要求字迹清晰，间隔均匀，字不得打斜，且保证所打印回路编号与图样相符。再次，将打印好的号码管按合同号、柜号进行绑扎，摆放整齐以备用。按二次接线图用打印机在标签纸上打出元件顺序号和文字符号，字体要求清晰，且不得打歪、出格。最后，将打印好的标签纸按柜号进行收集，包好以备用。

仔细查看工程施工说明上的有关内容、一次系统图上柜体结构、元件布置和材料明细表上元件型号以及对元件的要求。将号码管与图样进行核对，确认以后进行施工。根据二次接线图上注明的元件符号正确地找出电气元件。

2. 配线

根据二次接线图以及元件布置图确定的走线方式，按电气元件接点间的实际位置量裁导线，套上号码管。仪表室主干线一般选择在仪表室边框中央。各位置的继电器配线时，应注意继电器安装形式。

柜后二次接线（如互感器线、行程开关线、照明接线等）配线时，应注意柜体的宽度、深度（因柜体的结构不同，其走线方式不一样）。柜体二次接线配线时，应注意不同柜型的布线方式以及继电器、接触器等电气元件的安装位置。

接至电气元件或端子排上的元件在配线时应留有余量，曲弯长度为 50 mm（包括电压传感器上的接线）。

柜体小母线根据用户需要可选用 ϕ60 mm 铜棒或绝缘导线制作。当采用绝缘导线时，合闸回路用截面积为 25 mm² 的多股导线，其他回路用截面积为 4 mm² 的导线。其他要求见表 4-12。

表 4-12　小母线 * 制作要求

导线规格（mm²）	配线长度（mm）	剥头长度（mm）	制作要求
4	柜宽 +35	22	严格按尺寸下线、剥头
25	柜宽 +25	20	接线端子压接牢靠

注：* 小母线为绝缘导线。

所有过门处的软连接均采用 TO 2.5-8 冷压端头，用冷压线钳夹紧。软连接制作长度（两接线端子中心距尺寸）应适宜。

断路器配电磁机构时，根据接触器线圈额定电压来选择合闸大线的线径。接触器合闸线圈为 110 V 时，选用截面积为 10 mm² 的大线；接触器合闸线圈为 220 V 时，选用截面积为 6 mm² 的大线。

板前接线继电器采用旁侧走线形式。板后继电器采用板前接线时，线束从继电器下方穿越。

3. 布线

对照二次接线图将配好的导线按继电器实际接点位置对好后捆扎。

凡暴露在外敷设的线束均用尼龙扎带扎紧，在护线套或蛇皮管及行线槽内的线束可用胶带缠紧。尼龙扎带捆扎线束间距要均匀，主干线尼龙扎带的间距为 100 mm，分支线束为 60 mm。分线部分可根据实际情况增加尼龙扎带。

捆扎好后，将对应到电气元件相应接点上的导线进行曲弯、剥头、曲圆并压接接线端子。用剥线钳剥去导线绝缘层，钳口与线径应配合得当，不得损伤线芯。剥去长度参照表 4-13。将线芯用圆嘴钳曲圆（适用于 1.5 mm² 单股导线）。多股导线应用冷压钳压接接线端子，所剥去的绝缘层长度应比接线端子压接部分长度长 0.5 ~ 1.0 mm。

表 4-13　单股导线剥去绝缘层长度　　　　　　　　　　　　　　　　mm

螺钉直径	3	4	5	6	8
剥线长度	15	18	21	24	28

布线时，除相邻近的端子之间（且在同侧）、元件自身同侧接点之外，其他元件与元件两侧的并线不可直接相连，应同线束捆扎在一起，然后分线连接。

电阻或其他发热元件接线时，导线芯线要加瓷质套管 2 个。线束与电阻或发热元件间的距离应大于 30 mm，且在其下方敷设。电阻与电阻之间应有 90 mm 的距离。特殊情况下，线束可平行或向下倾斜走线。

当小母线采用安装 $\phi 6\ mm$ 铜棒的 MJ1-5 端子时，二次线分左、右布线，直接将 MJ1-5 端子固定于柜的小母线室顶板上。螺栓从柜顶向柜内穿入。柜体端子线在行线槽内布置。

开关柜门板装有视窗时，线束应在视窗下方 20 mm 以下敷设。对于有护线盖板的柜体应先将护线盖板拆开，穿线时不要用力过猛，以免刮伤导线外皮，穿好线后及时将护线板盖上。仪表箱过门线二次线束在敷设时穿 PVC 波纹管，规格有 $\phi 12\ mm$、$\phi 18\ mm$、$\phi 25\ mm$、$\phi 35\ mm$。

行线过程中相关元器件的安装应按相关工艺要求进行。安装接线过程中，如果发现所安装元器件与二次接线图及材料明细表上元器件的型号、规格和图样不相符，应及时反馈给工艺人员进行解决。同时对所安装元器件外壳进行检查，对附带部件（附加电阻、接点等）进行清点。

4. 贴标签

根据配电柜、户内交流金属铠装移开式开关柜（手车柜）二次接线图的元件标号粘贴二次元件标签。操作中应注意以下几点。

（1）将标签贴至电气元件的右上角，要求标签贴正。

（2）标签不得被线束或装配的其他零件遮盖，要求位置明显，便于观看。

（3）对于装于柜体上、下门的板后或嵌入式的继电器，其安装面暴露于柜外的，标签贴于接线侧的右上角，其余（如仪表室及门上的继电器）均贴至铭牌侧。

（4）标签要贴正确，与所反映的元件相符，不得错贴与遗漏。

（5）各接地点处应贴地线标签 ⏚，不得贴反或贴斜。

（6）带接地开关的电压传感器上的标签贴至接地开关框架上。不带接地开关的电压传感器标签贴至其相应的安装槽钢或角钢上。

（7）手车插座的标签应在组装防护板固定好后，贴至上防护板上。

（8）插头标签应贴至其安装正面中部，不得贴至插头两侧面。

二、配线中的工艺要求

1. 布线的工艺要求

（1）所有电器及附件（如附加电阻）均应牢固地固定在开关柜隔板或支架上，不得悬吊在其他电器的接线端子或连接线上。

（2）内门元件接线完毕后，应及时关门，并旋紧旋钮，不得长期使内门悬挂，以免内门变形。

（3）导线过门处紧固时应加弹簧垫。

（4）未接线的电气元件接点、端子接点及小母线上的螺钉等，均应紧固。

（5）线束不得从母线间穿越。

（6）联络柜的电流互感器及电压互感器线均应在柜体两侧立柱槽钢上安装线卡，将线束卡住，布在面上的线应用线卡、尼龙扎带固定。

（7）配线顺序应为"从上至下，从里向外"。

（8）多股线在接入元件接点时，根据导线直径、接至元件接点的形式和螺钉直径来选择冷压端头。一般用螺钉接入元件接点的用 TO 型接线端子，以插接、压接形式接入元件接点的采用 TU 型或 TG 型接线端子。常见接线端子使用实例见表 4-14。

表 4-14　常见接线端子使用实例

接线端子规格	TO 1.5/3 TO 1.5/4	TO 2.5/4 TO 2.5/5	TO 2.5/4 TO 2.5/5	TU 1.5/4 TU 2.5/5	TU 1.5/4 TU 2.5/5
应用元件	信号继电器	击穿熔断器	测量仪表	信号灯、按钮、端子	接触器

（9）当元件本身带有引出线接入电器时，如果原来的引线长度不合适，应以端子（包括小五联端子、瓷接点等）进行过渡，不得悬空连接。

（10）继电器的接线端头为插针式的，应首先用剥线钳剥去导线外皮，将插针插至芯线上，再用专用夹钳将插针与导线夹紧，插进底座里，线即接好。此插针端头靠弹片夹紧，插针和底座间不易脱落。

（11）插针插入底座后，其外部走线形式同其他继电器一样，接点曲弯度为 50 mm。不同的是不要从插针根部直接打弯，要留有 15 mm 余量后再打弯。

2. 端子安装与接线的工艺要求

（1）根据工程所选端子型号，按二次接线图中的端子排列图进行端子排列。

（2）对于无序号的端子，每隔 5 对端子进行标号。标号要求清晰、字迹工整，字型为仿宋体，字的方向以端子安装方式而定，水平安装时标号水平写，垂直安装时标号则竖写。端子序号中出现 X 时，不用单独写出。

（3）JH0 型端子在攒端子时，五联端子与五联端子之间要加一个挡片，试验端子与一般端子之间要加挡片，以加大爬电距离及带电间隙。

（4）接线端子种类很多，常用接线端子厚度见表 4-15。

表 4-15　常用接线端子厚度

型号	JH1-2.5B	JH1-2.5S	JH1-2.5（S）G	JH6-2.5	JH6-2.5S	JH6-2.5（S）G	JH6-2.5GD
厚度（mm）	10	12	（2）1.5	6	10	1.5	6.5

（5）端子排竖直布置时，排列自上而下；水平布置时，排列自左而右。其顺序是交流电流回路、交流电压回路、信号回路、其他回路等。最后，留 2 ~ 5 个备用端子（或按用户要求留有指定数目的备用端子）。不同安装单位的端子之间应用挡板隔开。

（6）端子排用方形螺母固定于柜体端子架上。

（7）带有防光罩的端子接线完毕，必须加盖好防光罩，防光罩的长度应比端子长出 20 mm，超长部分剪掉。

3. 插头、插座接线的工艺要求

（1）二次插头、插座有多种型号可供选用。

（2）插头所穿金属蛇皮管（规格 ϕ 35 mm）长度要适宜，插座所穿蛇皮管长度为350 mm。

（3）插头与插座上的接线均应紧固，号码管放至接线的最前端，方向正确。导线应留有余度，曲弯长度为 40 ~ 50 mm。

（4）固定金属蛇皮管时，在弯卡处加胶皮并紧固。

4. 行程开关接线的工艺要求

（1）行程开关线同电流互感器的线一起捆扎。

（2）行程开关位置应合适，保证手车柜联锁杆能与行程开关触点可靠接触。

（3）行程开关线应穿蛇皮管，手车室部分应在柜体接地母线下穿越，并固定于底盘。

5. 电流互感器接线的工艺要求

（1）电流互感器的一次绕组和二次绕组端子都有极性符号，当一次电流从 L1 流向 L2，二次电流从同极性端子 K1 流经设备回到 K2，则 L1 和 K1 或 L2 和 K2 为同极性。

（2）支柱式电流互感器（LZZB-10、LZZBJ-10、LZZB1-10），其一次端 L1 接电缆侧，L2 与手车柜下出线相连，铭牌侧为 L1 侧。对于馈线柜，其一次电流流向为 L2—L1，所以二次接线也应为 K2—K1。在掌握了电流互感器的安装形式，明确其一次电流流向后，才可进行二次侧接线。对于其他型号的电流互感器，可参照其接线方式。

（3）电流互感器工作中，二次侧不允许开路。接线时，对于未被使用的二次绕组输出端要短接。

（4）电流互感器的准确度等级分为 0.2、0.5、1、3 和 10 级，B 为保护级。通常 1K1、1K2 为测量级，接测量仪表；2K1、2K2 为保护级，接继电器。

6. 电压互感器接线的工艺要求

电压互感器的一、二次绕组的同极性端子也有明确的标注，接线时极性连接要正确。例如，两台同型号的电压互感器按 V/V 形式连接使用时，一次侧应为 A—X—A—X，二次侧应为 a—X—a—X。

（1）电压互感器按其绕组数目可分为双绕组和三绕组两种，三绕组包括一次绕组、二次绕组和辅助二次绕组。

根据电压互感器安装方式的规定，KYN □ -10 手车柜所装电压互感器一次、二次侧均封 X，JYN □ -10 手车柜底盘所装电压互感器一、二次侧均封 A。

（2）电压互感器接线的曲弯长度为 60 mm。

（3）电压互感器二次侧不允许短路。

7. 照明接线等工艺要求

（1）根据照明灯在柜内的具体安装位置，照明回路采用 1.0 mm² 软线。

（2）手车柜采用 MD1、220 V、15 W 照明灯。固定式开关柜及 JYN1–35、GBC–35 开关柜等采用 E27、250 W 照明灯。

（3）照明灯的个数随工程所选用的配电柜、手车柜型号而定。一般情况下，JYN □ -10 柜体为 2 个，辅助柜为 2 个；F–C 双层标准柜为 4 个，转换柜为 2 个；KYN □ -10 柜体则根据工程需要而定。

（4）GG-1A 大电流柜照明灯接于柜门上，柜前正视灯座应固定于钮子开关侧。

（5）在安装 MD1 灯座时，首先在其穿线孔处塞 KF14、KF48 橡胶圈，两橡胶圈间加绝缘纸（厚度 δ=0.5 mm），再将二次线从穿线孔中穿越接至灯座相应接点上，最后用螺钉将灯座固定。

（6）灯罩开口侧应面向灯泡维修面。当 KYN □ -10 手车柜室安装照明灯时，灯罩开口侧应朝下，并安装透光板。

技能训练

1. 训练内容

（1）GGD 型低压固定式开关柜的安装和配线。

（2）动力配电箱的安装和配线。

2. 训练器材

手电钻、套筒扳手、活扳手、呆扳手、液压钳、卷尺（2 m）、号码打印机、旋具、万用表、绝缘电阻表、斜口钳、剥线钳、尖嘴钳、圆嘴钳、冷压线钳、电烙铁、电池试灯、丝锥、自制套管、GGD 型低压固定式开关柜及各类电气元件和导线、线管等。

其中，GGD 型低压固定式开关柜实物如图 4–16 所示，柜体尺寸为 800 mm × 600 mm × 2 200 mm（宽 × 深 × 高）。

图 4-16　GGD 型低压固定式开关柜实物

3. 训练步骤

（1）GGD 型低压固定式开关柜电气元件的安装

按照前面模块所学的线缆的制作、元器件的安装等基本操作方法和工艺要求规范进行操作。

1）开关柜的具体安装步骤

①识读低压固定式开关柜一次系统图，如图 4-17 所示。

②制作母线。

③检查电气元件型号、外观、包装、合格证、CCC（中国强制认证）标识等。

④按照图样要求实施安装。

2）主要工艺要求

①柜体表面完好，面漆无脱落，柜内干燥、清洁。

②电气元件的操作机构灵活、无卡滞现象。

③主要电气元件的通断可靠、准确，辅助接点通断可靠、准确。

④仪表指示与互感器的变比及极性正确。

⑤母线连接良好，绝缘支撑件、安装件及附件安装牢固可靠。

⑥辅助接点符合要求，熔断器的熔体规格正确，继电器的整定值符合要求。

⑦电路的接点符合电路原理图的要求。

⑧保护电路系统符合要求。

（2）GGD 型低压固定式开关柜的配线

1）工艺准备。识读低压固定式开关柜接线图，如图 4-18 所示。然后准备号码管、标签纸。

2）配线。

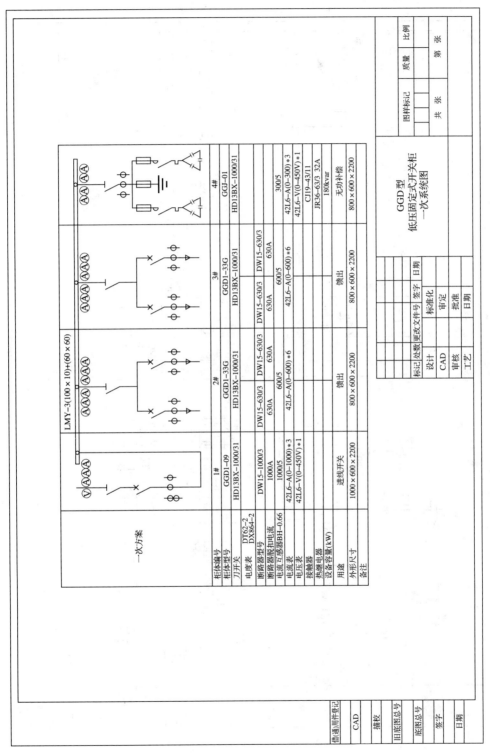

图4-17 GGD型低压固定式开关柜一次系统图

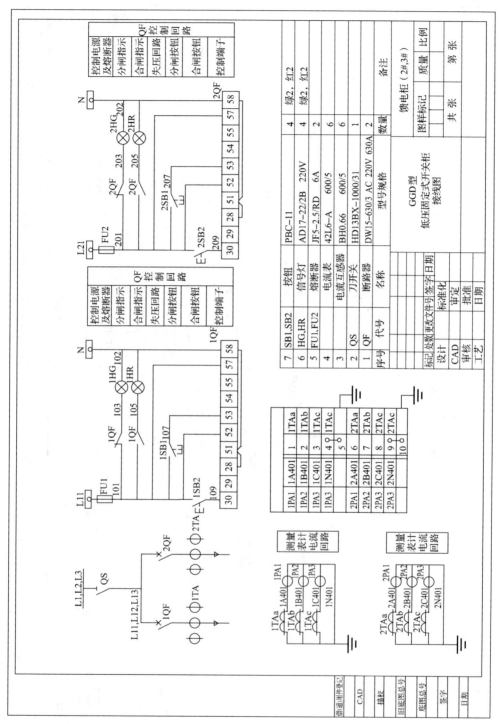

图 4-18　GGD 型低压固定式开关柜接线图

3）布线。

4）贴标签。

5）清扫操作现场。清扫柜内杂物，不得留有线头、标准件等。

6）自检

①检查元件外观应完整无损，附件齐全，发现缺陷应及时处理，予以更换。

②检查所装元件型号、铭牌与二次接线图及材料明细表相一致。如果有代用件，应有正式手续，有据可查。

③元件的安装应正确、牢固，不得倾斜。

④接线应正确，不得有漏接、错接的导线。

⑤标签齐全，位置正确。

⑥柜内线束应捆扎固定良好。用尼龙扎带固定线束后，扎带尾端多余部分应整齐剪断。

⑦对绝缘部件、导线外皮、继电器接线柱、套管等进行绝缘检查，发现异常或有破损应及时更换。

⑧检查所有紧固件均应紧固和齐全，焊点牢固。

（3）动力配电箱的安装和配线

动力配电箱的安装、配线工艺与前面所练习的低压固定式开关柜有相似之处。

1）主要操作步骤

①按要求选择器件型号、导线等。

②检查器件外观、操作机构等质量情况及合格证、CCC 标识等资料。

③在动力配电箱内部元件板上按布置图（图 4-19）和原理图（图 4-20）安装器件，注意前后顺序，不准损坏器件。

④在元件板上配线。

⑤将内部元件板安装到动力配电箱上。

⑥安装动力配电箱面板器件并配线。

⑦检查线路质量。

⑧接通负荷线路、电源线路。

⑨空载试运行。

⑩验收合格后交付。

2）主要工艺要求

①相线用黑色导线，用热缩管做分色标：L1（黄）、L2（绿）、L3（红）；中性线 N 用蓝色导线；地线 PE 用黄绿双色线或软裸铜线。

②箱内配线采用元件板板前配线。配线要排列整齐美观、布局合理，压接牢固，应绑扎成束，或敷设于专用的塑料线槽内。

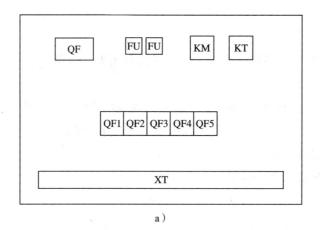

a）

b）

图 4-19 动力配电箱内部布置图和面板布置图

a）内部布置图 b）面板布置图

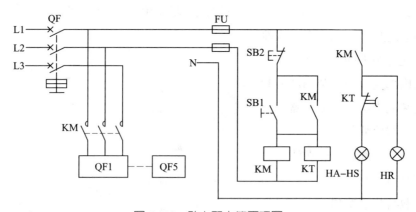

图 4-20 动力配电箱原理图

③配线应留有适当的余量。接到活动门处的二次线必须采用铜芯多股软线，在活动轴两侧留出余量后卡固。

④配电箱所装开关和断路器等处于断开状态时可动部分不得带电。垂直安装时应上端接电源，下端接负荷。

⑤配电箱质量要满足标准《建筑电气工程施工质量验收规范》（GB 50303—2015）要求。

4. 注意事项

（1）注意人身安全和设备完好。

（2）认真读图，严格按图样与工艺要求实施。

（3）正确使用安装工具、检测仪表。

（4）穿戴好劳保用品，装配铜排时应戴手套。

5. 成绩评定

GGD型低压固定式开关柜电气元件安装的考核内容及评分标准见表4-16。

表 4-16　评分标准表

序号	考核内容	配分	评分标准	扣分	得分
1	识读一次系统图	10	理解一次系统图要求错误，错一处扣1分		
2	制作母线	20	制作母线的规格、外观、折弯、工艺等不符合要求，错一项扣2分		
3	检查元器件	20	未认真按要求检查元器件，错或漏一处扣2分		
4	按照工艺要求和安装图，正确安装元器件，不损坏元器件	40	安装不符合工艺要求，一处扣1分；损坏元器件，一个扣10分		
5	对照图样，自检元器件安装情况；测量绝缘电阻值，不得低于1GΩ	10	自检不全，错或漏一处扣1分；绝缘电阻值低于1GΩ，一处扣2分		
6	安全文明生产	否定项	严重违反安全文明生产规定，本次考核计0分；情节较轻的，酌情从总分中扣5～20分		
7	工时	0	45 min，超时酌情扣2～10分		
8	合计	100			

GGD 型低压固定式开关柜配线的考核内容及评分标准见表 4-17。

表 4-17 评分标准表

序号	考核内容	配分	评分标准	扣分	得分
1	识读接线图	20	理解接线图错误，错一处扣 2 分		
2	准备器材	10	器材准备不齐全、不充分，缺一件扣 1 分，错一种扣 2 分		
3	配线、布线	40	未按照工艺要求完成配线、布线，错一处扣 2 分		
4	自检	30	不能正确自检，错一处扣 1 分，漏一项扣 2 分 配线、布线不符合图样要求、工艺要求，错一处扣 1 分		
5	安全文明生产	否定项	严重违反安全文明生产规定，本次考核计 0 分；情节较轻的，酌情从总分中扣 5 ~ 20 分		
6	工时	0	60 min，超时酌情扣 2 ~ 10 分		
7	合计	100			

动力配电箱安装和配线的考核内容及评分标准见表 4-18。

表 4-18 评分标准表

序号	评分标准	配分	评分标准	扣分	得分
1	识读接线图	10	理解接线图错误，错一处扣 2 分		
2	准备器材	10	器材准备不齐全、不充分，缺一件扣 1 分，错一种扣 2 分		
3	正确安装元器件	10	安装不正确，一处扣 1 分；元器件损坏，一个扣 5 分		

续表

序号	评分标准	配分	评分标准	扣分	得分
4	配线、布线	40	未按照工艺要求完成配线、布线，错一处扣1分		
5	自检	30	不能正确自检，错一处扣1分，漏一项扣2分 配线、布线不符合图样要求、工艺要求，错一处扣1分		
6	安全文明生产	否定项	严重违反安全文明生产规定，本次考核计0分；情节较轻的，酌情从总分中扣5~20分		
7	工时	0	60 min，超时酌情扣2~10分		
8	合计	100			

模块五
变配电所设备的操作、运行和维护

课题一　变配电所设备的操作

学习目标

1. 了解变配电所值班制度的基本内容。
2. 掌握一次设备的操作方法和要领。
3. 掌握电气倒闸的操作方法和要领。

一、变配电所的值班

1. 变配电所的值班制度

工厂变配电所的值班制度常采用轮班制或无人值班制。

轮班制是指工厂变配电所采用三班轮换的值班制度，即全天 24 h 分早、中、晚三班由值班员轮流值班。这种制度对于保证变配电所的安全运行有很大好处，但人员编制较多。

无人值班制是指一些小厂的变配电所及大中型厂的一些车间变配电室，仅由厂部、车间维修电工或厂部总变配电所的值班电工定期巡视检查。这种值班制度虽然节省了人员配备，但难以及时处理用电过程中的突发事故。

2. 变配电所的值班职责

（1）遵守变配电所值班制度，做好变配电所的安全保卫工作，确保变配电所的安全运行。

（2）认真学习、贯彻执行有关操作规程，熟悉变配电所的一次、二次接线和设备的分布、机构性能、操作要求及维护保养方法等，掌握安全用具和消防设备的使用方法及触电急救法，了解变配电所现在的运行方式、负荷情况及负荷调整、电压调节等措施。

（3）监视所内各种设备的运行情况，定期巡视检查，按照规定抄、报各种运行数据，记录运行日志。发现设备缺陷和运行不正常时，及时处理，或请示有关部门。

（4）按上级调度命令进行操作，发生事故时应进行紧急处理，并做好有关记录以备查考。

（5）妥善保管变配电所内各种资料图表、工具仪器和消防器材等，并做好所内设备及环境的清洁卫生。

（6）按规定进行交接班。值班员未办完交接手续时不得离开岗位。在处理事故时，一般不得交接班，接班的值班员可在当班的值班员的主持下协助处理事故。如果事故一时难以处理完毕，在征得接班员同意或经上级同意后，方可进行交接班。

二、一次设备的操作要领

这里的一次设备主要包括高压熔断器、隔离开关、负荷开关和断路器等电气设备，其操作要领及注意事项见表5–1。

表5–1　一次设备的操作要领及注意事项

一次设备	操作要领	注意事项
高压熔断器	为了防止事故，高压熔断器的操作顺序为：拉开时，应先拉中间相，后拉两边相；合上时，应先合两边相，后合中间相	高压熔断器多采用绝缘杆单相操作。不允许带负荷分或合高压熔断器。一旦发生误操作，产生的电弧会威胁人身及设备安全
隔离开关	（1）在手动合隔离开关时，必须迅速果断，在合到底时，不能用力过猛，以防合过头和损坏支撑绝缘子。操作时，如果发生弧光或误合，则应将隔离开关迅速合上。隔离开关一经合上，不得再拉开 （2）在手动拉开隔离开关时，应该按照"慢—快—慢"的过程进行。刚开始应慢，其目的是操作连杆刚一动就要看清它是否为该拉的隔离开关；再看触点刚分开时有没有电弧产生。若有电弧则应立即合上，防止带负荷拉开隔离开关；若无电弧，就应迅速拉开。在切断小容量变压器的空载电流、一定长度架空线路和电缆线路的充电电流、少量的负荷电流以及用隔离开关解环操作时，均会有小的电弧产生，此时应迅速地将隔离开关断开，以利于灭弧。当隔离开关将要全部拉开时，也应慢，以防不必要的冲击损坏绝缘子等	（1）当隔离开关装有电气（电磁）联锁装置或机械联锁装置，而装置未开、隔离开关不能操作时，不能任意解除联锁装置进行分、合闸 （2）隔离开关操作后，必须检查其开合的位置。因为有时操作机构有故障或调整得不好，可能出现操作后未全部拉开或未全部合上的现象 （3）禁止带负荷拉隔离开关。因为带负荷拉开关，会使开断电弧扩大，造成设备损坏等。误合时，只能用断路器切断该回路后，才能允许将隔离开关拉开

续表

一次设备	操作要领	注意事项
负荷开关	（1）负荷开关合闸时，主接触处应该良好，接点没有发热现象 （2）负荷开关在运行中，绝缘子、拉杆等表面应没有尘垢、外伤裂纹、缺损或闪络痕迹 （3）负荷开关的操作一般比较频繁，因此在运行期间应保持各运动部件的润滑良好，防止生锈。注意检查紧固件，以防止其在多次操作后松动。当操作次数达到规定限度时，必须检修 （4）对油浸式负荷开关要定期检查油面。缺油时，要及时注油，以防操作时引起爆炸	（1）负荷开关只能开断和关合一定的负荷电流，一般不允许在短路的情况下操作 （2）要定期停电检查负荷开关灭弧室烧损情况
断路器	（1）遥控操作断路器时，扳动控制开关不要用力过猛，以免损坏控制开关。控制开关返回也不要太快，以防断路器来不及合闸 （2）断路器经操作后，应查看有关的信号装置和测量仪表的指示，以判别断路器动作的正确性。不能只以信号灯及测量仪表的指示来判别断路器实际的分、合位置，还应到现场检查断路器的机械位置指示装置来确定其实际的分、合位置	当断路器合上，控制开关返回后，合闸电流的指示应返回到零位；否则，应断开合闸电源，以防止因合闸接触器打不开，而烧毁合闸线圈

三、电气倒闸操作

1. 电气倒闸操作的四种状态

使电气设备从一种状态转换到另一种状态的过程叫倒闸，所进行的操作叫倒闸操作。变配电所的电气设备有四种状态：运行状态、热备用状态、冷备用状态和检修状态。

（1）运行状态是指电气设备的隔离开关及断路器都在合闸位置带电运行。

（2）热备用状态是指电气设备的隔离开关在合闸位置，只有断路器在断开位置。

（3）冷备用状态是指电气设备的隔离开关及断路器都在断开位置。

（4）检修状态是指电气设备的所有隔离开关及断路器都在断开位置。

2. 倒闸操作的主要内容

（1）电力线路的停、送电操作。

（2）电力变压器的停、送电操作。

（3）发电机的启动、并列和解列操作。并列操作是指发电机与系统经检查同期后并列运行；解列操作是指发电机与全系统解除并列运行方式。

（4）电网的合环与解环。电网的合环是指电气回路或输、配电环网上开口处经操作或隔离开关合上后形成闭合回路。解环是指在电气回路或输、配电环网上的某处经操作将回路分断。

（5）母线接线方式的改变（倒母线操作）。

（6）中性点接地方式的改变。

3. 倒闸操作的基本要求

（1）运行值班人员必须要有高度的责任心，严格按照倒闸操作的要求进行操作，确保倒闸操作的万无一失。

（2）倒闸操作必须由两人同时进行。通常由技术水平较高、经验丰富的值班员担任监护，另一人担任操作。监护人员和操作人员均需通过考试取得合格证后由相关领导以书面命令正式公布。

（3）操作票应经过"三审"批准生效。在正式操作前，还应在"电气模拟盘"上按照操作票的内容和顺序模拟预演，对操作票的正确性进行最后的检查、把关。

（4）每进行一项操作，都应按照"唱票—对号—复诵—核对—操作"这五个步骤进行。每操作一项时，首先监护人员按照操作票的内容、顺序"唱票"；其次，操作人员按照操作命令核对设备名称、编号及自己所站的位置无误后，复诵操作命令；然后，监护人员听到复诵的操作命令，再次核对设备编号无误；最后，监护人员下达"对，执行"的命令，操作人员方可进行操作。

（5）必须按操作票的顺序执行操作，不得跳项和漏项，也不准擅自更改操作票的内容及操作顺序。每操作一项，在操作票的相关项目上做一个记号"√"。

（6）操作中发生疑问或发现电气闭锁装置报警，应立即停止操作，报告值班负责人，查明原因后，再决定是否继续操作。

（7）全部操作结束后，对操作过的设备进行复查，并向发令人回令。

（8）操作过程中，除特殊情况，不得随意更换操作人员和监护人员。

四、倒闸操作的方法

1. 接受主管人员的预发命令

倒闸操作必须根据调度人员命令进行。操作命令应由电力值长接受，受令时双方应互通姓名，接受操作命令人员应根据调度命令做好记录，同时应使用录音机录音，记录完毕应对调度人员进行复诵，如果有疑问应及时向调度人员提出。对于有计划的复杂操作和大型操作应在操作前一天下达操作命令，以便操作人员提前做好准备。

2. 宣布命令

值长受令后应对当值值班员宣布操作命令，并指定操作人员和监护人员，由操作人员填写操作票。

3. 填写操作票

变配电所倒闸操作票的格式见表5-2。

表 5-2　变配电所倒闸操作票

单位＿＿＿＿＿＿＿＿　　编号＿＿＿＿＿＿＿＿

发令人		受令人		发令时间：　　年　　月　　日　　时　　分	
操作开始时间：　　年　　月　　日　　时　　分				操作结束时间：　　年　　月　　日　　时　　分	
承上页　　　号				接下页　　　号	
（　　）监护下操作		（　　）单人操作		（　　）检修人员操作	

操作任务：

顺序	操作项目	√

备注：

操作人：　　　　　监护人：　　　　　值班负责人（值长）：

值班人员根据主管人员的预发命令，核对模拟图、实际设备，参照典型操作票（表 5-2）的格式认真地逐项填写操作项目。操作票的填写顺序不可颠倒，字迹要清楚，不得涂改；要使用蓝色的钢笔或圆珠笔填写，不得用铅笔填写。在填写中应使用统一的操作术语，操作票每页错误不得超过三个字，并在修改处加盖名章，名章应清晰。

4. 审核操作票

操作票填好后，由操作人员检查无误，再由监护人员和变配电所值班长进行审核，无误后由电气调度或所长进行最终审核。审核后，在操作票的最后一行加盖"以下空白"章。对上一班预填的操作票，即使不在本班执行，也需要根据规定进行审查。审查中发现错误应由操作人重新填写。

5. 模拟操作

操作人、监护人应先在模拟图上按照操作票所列操作顺序进行预演，并由操作人员和监护人员共同再次对操作票的正确性进行核对。

6. 核对设备

到达操作现场后，操作人应先站准位置，核对设备名称和编号，监护人核对操作人所站立的位置、操作设备名称及编号。核对无误后，操作人员穿戴好安全用具，立正姿势，眼看铭牌，准备操作。

7. 现场操作

监护人员看到操作人员准备就绪，按照操作票上的顺序高声唱票。每次只准唱一步，严禁凭记忆不看操作票唱票，严禁看铭牌唱票。此时，操作人员应仔细听监护人员唱票，并看铭牌，核对监护人员所发命令的正确性。操作人员认为正确无误后，开始高声复诵，并用手指铭牌做操作手势。操作人员严禁不看铭牌而随意复诵，严禁凭记忆复诵。在两人一致认为无误后，监护人员发出"对，执行"的命令，操作人员方可进行操作，并记录操作开始的时间。

8. 检查

每一步操作完毕，两人应共同检查操作的正确性，如检查设备的机械指示、信号指示灯、指示表（计）变化情况等，以确定设备的实际分合位置。然后，由监护人员在操作票相关操作项目后打"√"，监护人员勾票后，再进行下一步操作内容的唱票。

9. 汇报

操作结束后，应检查所有操作步骤是否完全执行，然后由监护人员在操作票上填写操作结束时间，并向主管部门汇报。

五、传统纸质操作票和智能移动操作票的比较

随着互联网信息技术和移动终端的普及使用，各种形式的智能移动操作票也正逐渐替代传统纸质操作票。如前所述，传统操作方式是 PMS（电力管理系统）端填写并

打印纸质操作票，人工手填摘勾，并填写每项操作时间，操作结束还需到 PMS 端完成闭环流程。智能移动操作方式是 PMS 端填写操作票后自动推送至移动终端，电子摘勾，并自动记录每项操作时间，操作结束后同步回传至 PMS 端自动完成闭环流程。二者比较，传统纸质操作票，流程烦琐，工作效率低，同时管理人员只能通过电话询问或到岗到位监督操作进度及操作情况，管控手段单一。而智能移动操作票具有优化闭环流程、强化录音管理、规范操作过程和强制票面完整等技术优势。

 技能训练

1. 训练内容

电力线路送电操作模拟训练。

2. 训练器材

（1）线路送电操作票。

（2）线手套、绝缘手套、电磁锁、绝缘靴、高压验电器、放电棒、兆欧表、护目镜等。

3. 训练步骤

（1）做好送电前的检查。具体包括：线手套要清洁、干燥；绝缘手套应在检定期限内，外表无破损，并检查有无漏气；兆欧表应在检定期限内，外表清洁且无破损；高压验电器应选用 10 kV 电压等级、试验合格并在使用期限内的验电器；放电棒外表应干燥、清洁，无破损；电磁锁应完整、好用。

（2）根据如图 5-1 所示的线路送电接线图，填写线路送电操作票，见表 5-3（训练时可补充完整操作项目）。

（3）在电工的指导下完成模拟操作部分内容，或者在教师的讲解下，看懂模拟操作全过程。

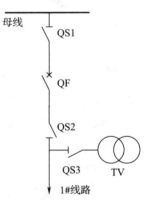

图 5-1 线路送电接线图

表 5-3 线路送电操作票

单位_____ 编号_____

发令人		受令人		发令时间：	年 月 日 时 分
操作开始时间：	年 月 日 时 分			操作结束时间：	年 月 日 时 分
承上页	号			接下页	号

操作任务：

1# 线路送电

续表

顺序	操作项目	√
1	收回 1# 线路的检修工作票	
2	拆除 1# 线路出线侧隔离开关 QS2 外侧的 × 号接地线	
3	拆除 1# 线路母线侧隔离开关 QS1 与断路器之间的 × 号接地线	
4	检查 1# 停电线路的断路器确在断开位置	
5		
6	检查 1# 停电线路母线侧隔离开关 QS1 应在合闸位置	
7		
8	检查 1# 停电线路出线侧隔离开关 QS2 应在合闸位置	
9	合上 1# 线路的电压互感器的隔离开关 QS3	
10	检查 1# 线路的电压互感器的隔离开关 QS3 应在合闸位置	
11	放好 1# 线路的断路器 QF 的合闸熔断器	
12	放好 1# 线路的电压互感器二次侧的熔断器	
13	放好 1# 线路的断路器 QF 的操作熔断器	
14		
15	检查 1# 线路的断路器 QF 确在合闸位置	
16	投入 1# 线路的有关联锁跳闸压板	

备注：

操作人：　　　　　监护人：　　　　　值班负责人（值长）：

4. 注意事项

（1）本次训练应以不妨碍生产秩序和安全为前提，所有操作必须严格遵守倒闸操作制度。

（2）训练活动应以观摩为主，学生填写的操作票只能是练习性质，不能作为模式操作或实践操作的依据。

（3）操作人员填好操作票后应由监护人员审查，由电气调度复审，无误方可由监护人员和操作人员在模拟盘上进行模拟操作。

（4）模拟操作结束后应在操作票的最后一项加盖"以下空白"章，在得到电气调度的复令信号后方可进行倒闸操作。

5. 成绩评定

考核内容及评分标准见表5-4。

表5-4　评分标准表

序号	考核内容	配分	评分标准	扣分	得分
1	做好送电前的检查	30	不认真做送电前的检查，酌情扣10～30分		
2	填写完整线路送电操作票	30	送电操作票填写不正确，错一处扣10分		
3	模拟操作	40	不能在电工的指导下完成部分项目操作或听懂教师现场讲解，酌情扣10～40分		
4	安全文明生产	否定项	严重违反安全文明生产规定，本次考核计0分；情节较轻的，酌情在总分中扣5～20分		
5	合计	100			

课题二　变配电所设备的巡视和故障分析处理

学习目标

1. 了解变配电所电气设备巡视的一般性要求。
2. 掌握变配电所电气设备巡视的主要内容。
3. 了解变配电所常见事故的处理原则。
4. 掌握变配电所常见故障的处理方法。

一、变配电所电气设备巡视的一般性要求

为了动态监视变配电所电气设备的运行情况，及时发现和消除变配电所电气设备存在的缺陷，预防事故的发生，确保设备长期、安全、平稳地运行，必须按巡视检查规定认真地巡视检查变配电所的电气设备。变配电所值长应按照电气规程规定安排定期巡视检查和特殊巡视检查，其巡视检查的主要内容见表5-5。

表5-5　巡视检查的主要内容

项目	巡视主要内容
定期巡视检查	（1）变压器、调相变压器、电抗器每4 h检查1次，内冷泵、外冷泵、油泵水箱每2 h检查1次 （2）在交接班时，应检查控制室设备、操作过的设备、带有紧急或重要缺陷的设备 （3）变配电所所有设备每24 h检查3次 （4）每周一次关灯巡视，检查导线接点及绝缘子的异常情况。在雨天、雾天放电严重时，要增加对污秽严重的变配电所户外设备的巡视次数 （5）每天检查、测量蓄电池温度、密度 （6）每月核对1次继电保护的保护压板 （7）生产负责人每周对变配电所设备进行检查
特殊巡视检查	（1）冬季应重点检查充油设备油面是否过低，导线是否过紧，接头有无开裂、发热等现象，绝缘子有无积雪结冰，管道有无冻裂等现象。修复破损门窗缝隙，电缆沟、竖井、室内出口封堵要严密，控制室、电缆沟封墙、电缆出线孔封堵要严密。进入高压室要随手关门

项目	巡视主要内容
特殊巡视检查	（2）夏季重点检查充油设备油面是否过高，油温是否超过规定。检查变压器有无油温过高（允许油温85℃，允许温升55℃）及接头发热、蜡片熔化等现象；检查变压器冷却装置，断路器室、母线室、蓄电室的排风机是否正常；检查导线是否松动 （3）大风时，重点检查户外设备底部附近有无杂物，导线上有无大风刮来的杂物，接头有无异常情况 （4）大雨时，检查门窗是否关好，屋顶、墙壁有无渗漏雨水现象 （5）雷击后，检查绝缘子、套管有无闪络痕迹，检查接闪器动作情况，并填入专用记录本中 （6）事故后，重点检查信号和继电保护动作情况、故障录波器动作情况；检查事故范围内的设备情况，如导线有无烧损、断股，设备的油位、油色、油压等是否正常，有无喷油异常情况，绝缘子有无烧闪、断裂等情况 （7）高峰负荷期间重点检查主变线路等回路的负荷是否超过额定值，检查过负荷设备有无过热现象。主变压器严重过负荷时，应每小时检查1次油温，监视回路触点示温片是否熔化；根据主变压器规程监视主变压器，汇报电气调度，开启备用冷却器，转移负荷，监视发热点等

二、电力变压器正常巡视的主要内容

（1）电力变压器的声音应正常。正常状态下声音是均匀的"嗡嗡"声。如果比正常状态的声音沉闷，说明变压器过负荷；如果声音尖锐，说明电源电压过高。

（2）油枕、气体继电器的油位及油色应正常，各密封处无渗油现象。

（3）三相负荷应平衡且不超过额定值。

（4）引线不应过松或过紧，连接处接触应良好，无发热现象。

（5）防爆管玻璃应完整，无裂纹，无存油。防爆器红点应不弹出。

（6）冷却、通风装置运行应正常。

（7）绝缘套管应清洁，无裂纹和放电打火现象。

三、主要配电装置的巡视要点

1. 断路器巡视要点

断路器巡视可分为常规巡视和故障巡视，其巡视内容和要求见表5-6。

表5-6 断路器巡视要点

项目	巡视主要内容
常规巡视	（1）断路器的油位应正常，本体应无渗漏油现象 （2）瓷瓶表面应清洁，无放电、打火和闪络痕迹

续表

项目	巡视主要内容
常规巡视	（3）操作机构位置指示正确 （4）接地应良好 （5）各接头应接触良好，不过热，用蜡片试温不熔化，用测温仪测温在正常范围内 （6）运行中的断路器内部应无异常声音和异味 （7）机构箱内应清洁，销子完整，机构箱门应关好，密封良好，防止进水和小动物 （8）液压操作机构应无渗漏油，压力应正常，1天正常启动不超过3次，限位断路器位置正确
故障巡视	（1）检查油位、油色、气味及有无喷油现象 （2）检查断路器位置指示及保护动作是否正常 （3）检查液压或SF6断路器压力是否正常 （4）检查支持瓷瓶有无破损、裂缝及放电闪络

2. 隔离开关巡视要点

（1）隔离开关的动、静触点应接触良好。绝缘子表面应清洁，无放电现象，无裂纹、破损。

（2）对在开位的隔离开关，检查拉开隔离开关的断口空间距离，应符合规定。

（3）隔离开关的机构联锁、闭锁装置应良好，联动切换辅助接点动作应正确，接触良好。

（4）隔离开关的转轴、齿轮、框架、连杆、拐臂、十字头、销子等部件应无开焊、变形、锈蚀、位置不正确、歪斜、卡涩等不正常现象。

（5）操作箱应密封良好，不漏油。加热器应动作正常。

（6）隔离开关的基础应良好，无损伤、下沉和倾斜等现象。

3. 互感器巡视要点

互感器巡视包括电压互感器巡视和电流互感器巡视，其主要内容见表5-7。

表5-7　互感器巡视主要内容

项目	巡视主要内容
电压互感器巡视	（1）瓷件有无裂纹损坏或异常放电现象 （2）油标、油位是否正常，是否漏油 （3）接线端子是否松动，接头有无过热变色 （4）吸潮剂是否变色 （5）电压指示有无异常

续表

项目	巡视主要内容
电流互感器巡视	（1）瓷质部分应清洁，无破损，无裂纹，无放电现象和放电闪络痕迹 （2）干式（树脂）电流互感器外壳应无裂纹，无炭化、发热熔化现象，无烧痕和冒烟现象，无异味 （3）充油电流互感器的油位、油色应正常，呼吸器应完整，内部吸潮剂不潮解 （4）电流互感器正常运行中声音均匀，应无异常声音

4．母线巡视要点

（1）各接触部分是否接触良好，试温蜡片是否熔化。

（2）软母线是否有断股、散股现象。

（3）每次接地故障后，检查支持绝缘子是否有放电痕迹。

（4）雪天应检查母线的积雪及融化情况。

（5）雷雨后应检查绝缘子是否有破损、裂纹及放电痕迹。

（6）大风前应清除杂物。

5．电容器巡视要点

（1）电容器在使用中，不应超过厂家规定的电压和电流。

（2）电容器投入和退出应根据调度命令确定。

（3）电容器箱体应无鼓肚、渗漏油，内部应无异常声音等现象，测量温度不应超过规定温度。电容器瓷质部分应清洁、完整，无裂纹、电晕和放电现象，无松动和过热现象。引线不应过紧或过松，接头不应过热。

（4）与之相关的电抗器、放电装置、熔断器、接闪器、引线等均应良好，接地完好。

（5）户内电容器的门窗应完整，关闭应严密，通风装置良好。

四、变配电所常见事故处理原则

变配电所发生的每一次事故都有其一定的原因。设计、安装、检修和运行中存在的问题及设备缺陷都会引起事故。除此以外，由于值班人员业务不熟悉或违反操作规程也会造成事故。变配电所常见事故有：电气设备误操作引起的事故；由于配电变压器渗、漏油，高、低压套管处引出线松动，温升过高而引起的事故；电气设备的绝缘损坏事故；电缆头与绝缘套管的损坏事故；继电保护装置及自动装置的误动作或缺少这些必要的装置而造成的事故；高压断路器与操作机构的机械或触点损坏事故；由于雷电所引起的事故等。

变配电所常见事故的处理原则可以概括为以下四点。

（1）发生事故后，值班人员必须沉着、果断、正确地进行处理，切忌匆忙或未经慎重考虑即进行处理。事故发生后，应尽快限制事故的发展，消除事故的根源，并及时解除对人身及设备安全的威胁。此外，对重要设备或危及人身安全的设备应保证不停电，对已停电的车间和部门应迅速恢复供电。视具体情况适当停用或减少非重要部门的用电负荷，也可暂时采用备用电源供电。

（2）改变运行方式，保持正常供电。例如，装有两台主变压器供电的变电所，当任一主变压器（包括本变压器开关等控制设备）或任一电源停电检修或发生故障时，该变电所可通过闭合低压母线的分段空气开关迅速恢复对整个变电所供电。

（3）发生事故后，应及时向有关部门报告，听从上级直属部门的命令，及时进行处理。值班人员有权对解救触电人员、扑灭火灾、挽救危急设备的情况先处理后报告。

（4）在事故处理过程中，值班人员和有关工作人员应有明确的分工。事故发生和处理的过程应有真实、详细的记录。

五、故障案例的分析、处理

1. 变压器油位过高

（1）故障现象

变压器两侧监视上层油温的温度表指示的温度为 42 ℃，变压器的油温与平时温度相比没有明显变化，但油枕油位却明显偏高。

（2）故障分析

对变压器的负荷进行检查，负荷由正常时的30%（28 A）上升至55%（50 A），变压器所带的负荷量明显增加。在询问电气调度后，确认变压器所带负荷增加。根据这一情况初步确认，变压器温度表所指示的温度不准确。

（3）处理步骤

1）向电气调度汇报变压器油枕油位过高的异常情况。

2）佩戴好安全用具。

3）检查变压器温度表，变压器温度表外观正常，连线完好。

4）用测温仪对变压器进行测温，变压器的温度为 52 ℃，明显高于变压器温度表所指示的 42 ℃，证明变压器温度表所指示的温度不正确。

5）向电气调度汇报变压器温度表所指示的温度不正确，并联系电气调度更换温度表。

2. 变压器过负荷

（1）故障现象

预告信号（铃）响，"变压器过负荷"光字牌亮，"掉牌未复归"光字牌亮。变压器一次侧 U、V、W 三相电流表指示为 360 A，超过变压器额定电流。正常状态下，变压器一次侧额定电流为 330 A，变压器二次侧额定电流为 1 835 A。在对变压器温度进行检查时，变压器的温度明显上升，已由过负荷前的 53 ℃ 上升到 61 ℃，当时的环境温度为 32 ℃，温升由 21 ℃ 上升到 29 ℃。

（2）故障分析

对现象初步判断是高峰用电和下级变电所倒负荷共同作用所引起的过负荷，在向电气调度联系并汇报时得以确认。

（3）处理步骤

1）联系电气调度，减负荷。

2）开启变压器的冷却装置，全部投入。

3）检查变压器的温度。变压器上层油温为 61 ℃，未超过变压器温度允许值 85 ℃。当时的环境温度为 32 ℃，温升为 29 ℃，未超过变压器允许温升值 45 ℃。

4）检查变压器的声音，变压器的声音为均匀的"嗡嗡"声，未见异常。

5）检查变压器一次、二次引出接线端子连接部位是否发热。

6）当变压器负荷降到额定负荷后，应对变压器进行全面检查，无异常后，再按正常情况进行巡视检查。

7）检查变压器的一次、二次侧断路器、隔离开关及电流互感器等设备，特别是电气设备的各连接部位，没有发现过热情况发生。

如果一次、二次侧断路器、隔离开关及电流互感器有发热情况，应联系电气调度，倒负荷。

3. 10 kV 电压互感器二次熔断器熔断

（1）故障现象

预告警报（铃）响，"10 kV 电压回路断线"光字牌亮，"掉牌未复归"光字牌亮。检查 10 kV U 相相电压，UV、UW 线电压明显降低，VW 线电压无明显变化。有功表、无功表指示降低，电度表走速变慢。

（2）故障分析

根据现象，初步判断为 10 kV 电压互感器二次 U 相熔断器熔断。

（3）处理步骤

1）向电气调度汇报，10 kV 电压互感器二次熔断器熔断。

2）用电压切换开关切换相电压和线电压，检查各相电压和线电压情况，功率表、电度表指示等情况。

3）停用该母线上的可能误动保护的跳闸压板。

4）更换电压互感器二次侧熔断器，并处理 U 相熔断的跳闸保护压板。

5）汇报处理结果。

4. 某配电所 1# 引入线断路器跳闸

（1）故障现象

配电所当时的运行方式如图 5-2 所示。事故警报信号响，"掉牌未复归"光字牌亮。1# 引入线的红灯灭、绿灯闪光。10 kV Ⅰ 段电流表、电压表和功率表均指示为零。1# 引入线的过流保护动作信号继电器掉牌。同时发现配电所 10 kV Ⅰ 段所带的轻工线速断保护动作，信号继电器掉牌，断路器未跳闸。其他回路继电保护均未动作，所带负荷断路器也未跳闸。

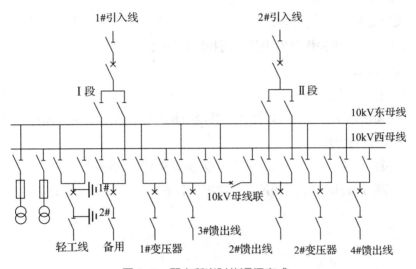

图 5-2 配电所当时的运行方式

（2）故障分析

根据当时配电所的事故警报（笛）响、红绿灯变化、各种表计指示情况、所亮光字牌、回路继电保护动作情况判断，是配电所内部故障造成断路器跳闸。经分析确定是轻工线短路故障，轻工线继电保护拒动，造成越级跳闸 10 kV Ⅰ 段停电。

（3）处理步骤

1）值班人员立即打跳（即强制跳闸）10 kV Ⅰ 段未跳闸负荷断路器，只保留配电所用电断路器，同时及时向电气调度及有关领导汇报该配电所事故情况。

2）检查 1# 引入线断路器确实处于开位。

3）检查 1# 引入线断路器、电流互感器、隔离开关。

4）检查轻工线断路器、母线隔离开关、负荷隔离开关，确认轻工线断路器处于开位。拉开轻工线负荷隔离开关，检查轻工线负荷隔离开关确在开位。拉开轻工线母线隔离开关，检查轻工线母线隔离开关确在开位。

5）联系电气调度，合上 1# 引入线断路器，检查 1# 引入线断路器确实处于合位。

6）检查 10 kV Ⅰ段母线电压指示正常。汇报电气调度，10 kV Ⅰ段母线电压恢复正常。

7）联系电气调度，依次将 10 kV Ⅰ段母线所带负荷送出。

8）在轻工线断路器和母线隔离开关之间装设 1# 地线一组。

9）在轻工线断路器和负荷隔离开关之间装设 2# 地线一组。

10）轻工线断路器、轻工线母线隔离开关、轻工线负荷隔离开关操作把手上悬挂"禁止合闸，有人工作"标示牌。

11）在轻工线断路器柜两侧装设遮栏。

12）采取安全措施，交出检修。

5. 变电所在停电操作时发生带负荷拉隔离开关

（1）故障现象

变电所当时的运行方式如图 5-3 所示。变电所值班人员在接到电网调度命令"停电厂 2# 线"操作命令后，填写好操作票并经审核合格，操作人员和监护人员一起前往变电所高压室进行操作。

操作人员走在监护人员前面，在监护人员没有到场的情况下，自己进行操作。由于没有核对停电设备位置，走错位置，在没有检查断路器确在开位的情况下，将正在

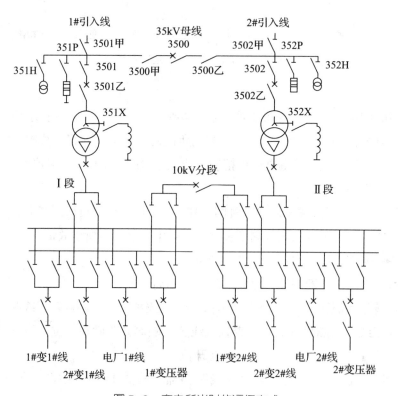

图 5-3　变电所当时的运行方式

运行的变电所 2# 线的 II 段母线隔离开关拉开。拉隔离开关时产生弧光短路，使该母线引入线过流保护动作，该段母线所带负荷全部停电，造成大面积停电事故。

（2）故障分析

变电所在进行停电操作时，操作人员在没有监护人员到场进行监护的情况下，走错位置造成带负荷拉隔离开关事故，使该段母线所带负荷全部停电。显然，这起事故是由于操作人员违反操作技术规程规定，带负荷拉隔离开关造成。

（3）处理步骤

1）向电气调度汇报带负荷拉隔离开关事故，即 2# 变压器过流保护动作造成 10 kV II 段母线停电。

2）检查 2# 变压器主一次 3502 断路器确在开位。

3）拉开 2# 变压器主一次 3502 甲隔离开关，检查 2# 变压器主一次 3502 甲隔离开关确在开位。

4）检查 35 kV 联络 3500 确在开位。

5）拉开 35 kV 联络 3500 乙隔离开关，检查 35 kV 联络 3500 乙隔离开关确在开位。

6）拉开 35 kV 联络 3500 甲隔离开关，检查 35 kV 联络 3500 甲隔离开关确在开位。

7）拉开 2# 变压器 352P 接闪器隔离开关，检查 2# 变压器 352P 接闪器隔离开关确在开位。

8）拉开 2# 变压器 352H 电压互感器隔离开关，检查 2# 变压器 352H 电压互感器隔离开关确在开位。

9）拉开 2# 变压器 352X 消弧线圈隔离开关，检查 2# 变压器 352X 消弧线圈隔离开关确在开位。

10）检查 2# 变压器主二次断路器确在开位。

11）拉开 2# 变压器主二次 II 段 1 列隔离开关，检查 2# 变压器主二次 II 段 1 列隔离开关确在开位。

12）检查电厂 2# 线、1# 变 2# 线、2# 变 2# 线、2# 变压器断路器。

13）依次拉开电厂 2# 线 II 段 1 列隔离开关、1# 变 2# 线 II 段 1 列隔离开关、2# 变 2# 线 II 段 1 列隔离开关、2# 变压器 II 段 1 列隔离开关。

14）拉开 10 kV II 段 1 列电压互感器隔离开关，检查 10 kV II 段 1 列电压互感器隔离开关确在开位。

15）向电气调度汇报已将 10 kV II 段负荷全部停下。

技能训练

1. 训练内容

变压器巡视及记录表填写。

2. 训练器材

（1）变压器巡检表，见表5-8。

（2）安全防护装置、钳形电流表、测温仪等。

表5-8 变压器巡检表

巡检人员_____ 项目负责人_____ 巡检日期_____年____月____日

	柜号/编号		生产厂家		
	规格型号		生产日期		
项目		**标准**	**方法**	**结论**	**备注**
外部检查	本体外观检查	清洁，无积灰、无油污	目测		
	油枕检查	密封胶圈无龟裂、渗油现象；油面高度在正常油标线范围；油标管内油色应透明微带黄色	目测		
	上层油温检测	正常应在85℃以下，强油循环水冷却的变压器在75℃以下	读取温度计实际值		
	变压器响声检查	正常时为均匀的"嗡嗡"声	耳听		
	高、低压绝缘套管检查	清洁，无渗油、无破损裂纹和放电烧伤痕迹，相序标示明显	目测		
	散热管道运行情况	散热的截门正常开启，管道油路畅通，无冷热明显差异	目测、手摸		
	高、低压套管接线检查	一次、二次接线接触良好，无过热、变色现象	目测，测温仪实测		
	防爆管检查	防爆膜（玻璃）应完整，无裂纹、无存油	目测		
	呼吸器检查	呼吸器应畅通，硅胶吸潮不应达到饱和（观察硅胶颜色，正常应为蓝色或白色）	目测		
	气体继电器检查	气体（瓦斯）继电器本体及法兰连接胶垫无龟裂、渗油现象，继电器充油窗口无空气，玻璃无裂痕，油质透明清晰	目测		
	接地检查	外壳接地良好，无锈蚀	目测		

续表

	项目	标准	方法	结论	备注
负荷检查	室外变压器负荷检查	测量高峰时段的最大负荷及代表性负荷	用钳型电流表		
	室内变压器负荷检查	记录每小时负荷，并画出日负荷曲线	目测		
	三相电流测量	对 Y/Y_{0-0} 连接的变压器，其中性线上的电流不应超过低压绕组额定电流的 25%	计算		
	变压器运行电压检测	正常运行电压不应超过额定电压的 ±5%	计算		

备注：实际记录栏除需数据填写项目如实填写外，其余符合技术要求项目用"√"表示，不符合技术要求项目用"×"表示，并在相应备注栏注明原因。

3. 训练步骤

（1）做好变压器巡视的准备工作。

（2）分项对变压器做外部检查，并做好记录。

（3）分项对变压器做运行负荷检查，并做好记录。

4. 注意事项

用钳形电流表测量高峰时段的最大负荷及代表性负荷时，应有监护人并做好安全措施。

5. 成绩评定

考核内容及评分标准见表5-9。

表5-9 评分标准表

序号	考核内容	配分	评分标准	扣分	得分
1	做好变压器巡视的准备工作	30	不能做好变压器巡视的技术资料准备，不熟悉巡视内容，未做好安全防护措施，酌情扣 10 ~ 30 分		
2	变压器外部检查	30	完成变压器各项外部检查，并准确记录在表中，漏一项扣 5 分		
3	变压器运行负荷检查	40	完成变压器运行负荷的各项检查，并准确记录在表中，漏一项扣 10 分		

续表

序号	考核内容	配分	评分标准	扣分	得分
4	安全文明生产	否定项	严重违反安全文明生产规定，本次考核计0分；情节较轻的，酌情在总分中扣5～20分		
5	合计	100			

模块六
配电计量与抄表收费

课题一　电能计量

学习目标

1. 了解电能计量的概念。
2. 认识电能计量装置的类型、功能。
3. 掌握电能计量装置的配置要求，并能正确选择。
4. 能完成带互感器计量装置的装接。

一、电能计量及计量装置

电能计量是电力企业生产经营管理的重要环节，电力企业只有凭借准确、可靠、安全的计量数据，才能保证电力系统安全、经济、可靠地运行，保证电网规范、有序地调度，树立优质、诚信的企业形象。

用于计量电量的装置叫电能计量装置。电能计量装置包括各种类型电能表，计量用电压、电流互感器及其二次回路，电能计量柜（箱）等。根据《电能计量装置技术管理规程》（DL/T 448—2016）的规定，用于贸易结算和电力企业内部经济技术指标考核用的电能计量装置按其所计量电量的多少和计量对象的重要程度分为Ⅰ、Ⅱ、Ⅲ、Ⅳ、Ⅴ五类，其适用对象见表6-1。

表6-1　计量装置分类及其适用对象

类别	适用对象
Ⅰ类电能计量装置	220 kV及以上贸易结算用电能计量装置，500 kV及以上考核用电能计量装置，计量单机容量300 MW及以上发电机发电量的电能计量装置
Ⅱ类电能计量装置	110（66）～220 kV贸易结算用电能计量装置，220～500 kV考核用电能计量装置，计量单机容量100～300 MW发电机发电量的电能计量装置

续表

类别	适用对象
Ⅲ类电能计量装置	10 ~ 110（66）kV 贸易结算用电能计量装置，10 ~ 220 kV 考核用电能计量装置，计量 100 MW 以下发电机发电量、发电企业厂（站）用电量的电能计量装置
Ⅳ类电能计量装置	380 V ~ 10 kV 电能计量装置
Ⅴ类电能计量装置	220 V 单相电能计量装置

二、电能表

电能表是专门用来测量电能累积值的一种仪表。常见的单相电能表有感应式（机械式）电能表和静止式（电子式）电能表两种，其外形如图 6-1 所示。

DD862感应式　　DDS607单相电　　　DDSY9001单相电　　DDSF607单相电子多
电能表　　　　　子式电能表　　　子式预付费电能表　　费率(分时)电能表

图 6-1　常见的单相电能表

1. 感应式电能表

利用固定交流磁场与由该磁场在可动部分的导体中所感应的电流之间的作用力而工作的仪表，称为感应式仪表。常用的交流电能表就是一种感应式仪表，它由测量机构和辅助部件两大部分组成。测量机构包括驱动元件、传动元件、制动元件、轴承及计度器。辅助部件包括基架、底座、表盖、端钮盒及铭牌。

2. 电子式电能表

电子式电能表也称静止式电能表，它是把单相或三相交流功率转换成脉冲或其他数字量的仪表。电子式电能表有较好的线性度，具有功耗小、电压和频率的响应速度快、测算精度高等优点。

常用的单相普通电子式电能表具有以下功能。

（1）电能计量功能

单相普通电子式电能表具有电能计量功能，且为正反双向累计，防止用户采用输入、输出线路交换的方式进行窃电。

（2）功率脉冲输出

单相普通电子式电能表具有光耦隔离的无源脉冲输出电量信号，可为集中抄表系统提供脉冲电能表。

（3）电能显示

电能显示为机械计度器、数码管、液晶显示器。

三、计量装置的配置

计量装置的配置主要包括计量点的确定、电能表的选择和互感器的选择三方面内容。

1. 计量点的确定

（1）一般情况下一个计量点只装设一套电能计量装置。

（2）对于多路进线的用户，计量点设在用户变电所的多路电源进线处。

（3）对于一个变电所内有多台主变压器的用户，计量点可设在每台主变压器的高压侧。

（4）低压用户和居民用户的计量点应设置在进户线附近的适当位置。

（5）当采用整体式计量柜时，若屋内配电装置为成套开关柜，则计量柜宜布置在进线柜之后（即第二柜）；若配电间不设进线断路器，而采用屋外跌落式熔断器方式，则计量柜宜布置在第一柜。为了合理计量电压互感器损耗，高压计量装置的电压互感器应装设在电流互感器的负荷侧。

2. 电能表的选择

选择电能表的依据是供电特征、电流选择和执行电价情况，见表6-2。

表6-2　电能表选择依据

选择依据	具体要求
供电特征	（1）单相供电的安装单相电能表 （2）三相四线制供电的选择安装三相电能表，或三只感应式单相电能表代替三相电能表 （3）供电电压为220kV、110kV，电压等级是中性点直接接地系统，有零序电流存在，采用三相四线表 （4）供电电压为10kV、35kV，电压等级是中性点小电流接地或不接地系统，三相负载平衡，采用三相三线表（在实际使用中，采用三相三线、三相四线表计量电能都准确，但在一般情况下都使用三相三线表计量）
电流选择	（1）按实际负载配置直接式电能表 （2）对经电流互感器接入的，应按电流互感器的二次电流的大小配置 （3）电能表的电流过载倍数一般要求大于等于4倍负载计量值

续表

选择依据	具体要求
执行电价情况	（1）按执行电价类别分类装表。对无法安装的应考虑采用定比定量的方法来确定 （2）容量100 kV·A以上需进行功率因数考核的客户，应安装有功、无功电能表；同时具有分类电价者，应考虑以总分表形式存在 （3）对申请按需量执行两部制电价的客户，应安装多功能电能表（或单独加装需量表） （4）对执行分时段计费的客户，应安装分时电能表 （5）对与电网有潮流交换（上网电厂）的客户，应安装带正、反向有功，四象限无功多功能电能表（或安装带止逆装置的感应式有功、无功电能表）

3. 互感器的选择

选择互感器的依据是额定电压、额定变比、额定容量、准确度和功率因数。

（1）额定电压的确定

电压互感器的额定一次电压 U_N 应大于等于接入的被测电压 U_I 的0.9倍，小于等于被测电压 U_I 的1.1倍，即 $0.9U_I \leqslant U_N \leqslant 1.1U_I$。电流互感器的额定电压应与被测线路的电压相适应，即 $U_N \geqslant U_I$。

（2）额定变比的确定

电流互感器的一次额定电流应根据客户实际负荷（即流经电流互感器的一次电流）的大小确定，一般考虑一次额定电流 I_{N1} 为负荷电流的1.3倍。电流互感器的二次电流应考虑与配置的电能表及其他二次设备的标定电流配套，在营业中一般均选择为5 A。电压互感器的一次额定电压应根据接入电网的一次电压额定值配置。电压互感器的二次电压应考虑与配置的电能表及其他二次设备的标定电压配套，在营业中一般均选择为100 V。在确定互感器变比后，就可以确定电能表的倍率，即电能表的倍率＝电流互感器变比 × 电压互感器变比。

（3）额定容量的确定

当接入互感器的实际二次负荷超过其额定二次负荷时，准确性能将下降。为确保计量的准确性，一般要求测量用电流、电压互感器的二次负荷 S_2 必须在额定二次负荷 S_N 的25% ~ 100% 范围内。

（4）准确度的确定

按规程要求，计量装置应配置0.2S级的电流互感器。当电流互感器至电能表距离较长时，建议采用二次额定电流为1 A的电流互感器，以便于适应二次回路阻抗较大的情况。

（5）额定功率因数的确定

计量用电压互感器额定二次负荷的额定功率因数应与实际二次负荷的功率因数相近。计量用电流互感器额定二次负荷的功率因数为0.8 ~ 1.0。

技能训练

1. 训练内容

带互感器计量装置装接。

2. 训练器材

三相四线有功电能表、互感器、安装板、电工常用工具、导线（若干）等。

3. 训练步骤

（1）绘制电路图。

（2）电气安装。

（3）按图接线。

（4）带负载通电试验。

（5）计算用电量。

4. 注意事项

（1）电流互感器 S2 端子必须接地。

（2）各电流互感器的电流测量取样必须与其电压取样保持同相。

5. 成绩评定

考核内容及评分标准见表 6-3。

表 6-3 评分标准表

序号	考核内容	配分	评分标准	扣分	得分
1	绘制电路图	20	不能完全正确绘制接线图，酌情扣 10 ~ 20 分		
2	电气安装	30	不能正确安装电能表和电流互感器，酌情扣 10 ~ 30 分		
3	按图接线	20	主接线错误，每处扣 10 分 互感器未正确接地，扣 10 分		
4	带负载通电试验	20	不能顺利带负载通电试验，酌情扣 10 ~ 20 分		
5	计算用电量	10	负载工作一段时间后，不能正确计算实际有功用电量，酌情扣 5 ~ 10 分		

续表

序号	考核内容	配分	评分标准	扣分	得分
6	安全文明生产	否定项	严重违反安全文明生产规定，本次考核计0分；情节较轻的，酌情在总分中扣5～20分		
7	合计	100			

课题二　抄表收费

学习目标

1. 了解我国的基本电价制度。
2. 掌握抄表的基本要求。
3. 掌握电费计算的基本方法。
4. 能完成手工抄表工作，并正确计算用户应交电费。

一、电价制度

根据《国家发展改革委关于进一步深化燃煤发电上网电价市场化改革的通知》（发改价格〔2021〕1439号）要求：按照电力体制改革"管住中间、放开两头"总体要求，有序放开全部燃煤发电电量上网电价，扩大市场交易电价上下浮动范围，推动工商业用户都进入市场，取消工商业目录销售电价，保持居民、农业、公益性事业用电价格稳定，充分发挥市场在资源配置中的决定性作用、更好发挥政府作用，保障电力安全稳定供应，促进产业结构优化升级，推动构建新型电力系统，助力碳达峰、碳中和目标实现。

我国的电价制度主要有单一电价制度、阶梯电价制度、两部电价制度、分时电价制度和定量收费制度等几种。

1. 单一电价制度

单一电价制度是以在客户处安装的电能计量表所计每月实际记录的用电量多少为计费依据，只按一个电度电价计算电费的电价制度。单一电价制度已不能满足社会发展的需要，被其他更加合理的电价制度所代替。

单一制电价的特点是，在计费时不考虑客户的用电设备容量和用电时间，只根据实际用电量，按单一价格来结算电费。执行这种电价制度，抄表、计费都相当方便，而且可促使用户节约用电；其缺点是不能合理体现电力成本，对客户造成不公平的负担。

2. 阶梯电价制度

阶梯式电价是阶梯式递增电价（或阶梯式累进电价）的简称，也称为阶梯电价，是指把户均用电量设置为若干个阶梯分段或分档次定价计算费用。2009 年，我国开始试行居民用电的阶梯电价制度，以取代单一电价制度；2011 年底，居民阶梯电价制度在全国正式实行。随着户均消费电量的增长，每千瓦时电价逐级递增。对居民用电实行阶梯式递增电价可以提高能源效率。通过分段电量可以实现细分市场的差别定价，提高用电效率，并且能够补贴低收入居民。

阶梯式电价的具体内容如下。

第一档，基本用电，覆盖 80% 居民的用电量。

第二档，正常用电，覆盖 95% 居民的用电量。

第三档，高质量用电，居民根据自身生活需要使用。

免费档，仅限于城乡低保户、五保户用电，每月每户提供 10 ~ 15 度免费电量。

3. 两部电价制度

两部电价制度就是将电价分为固定费用部分与变动费用部分两个组成部分进行电费计算的电价制度。固定费用部分是代表电力工业企业成本中的容量成本的部分，称为基本电价；变动费用部分是代表电力工业企业成本中的电能成本的部分，称为电度电价。两部分电费分别计算后的电费总和即为客户应付的全部电费。

在计算基本电费时，以客户设备容量［指合同用电容量，以千伏安（kV·A）为单位］或客户最大需量［以千瓦（kW）为单位］进行计费。对按照需量计费的电力客户，需要安装有功功率最大需量表。在计算电度电费时，以用户实际使用的电量数来计算，单位为千瓦时（kW·h）。为了计算电度电价，需要安装有功电能表，来计收电量电费。

4. 分时电价制度

分时电价又称高峰、低谷电价。为了提高电力系统负荷率，尽量削减电力系统的高峰负荷，适当填补电力系统的负荷低谷，而采用高峰、低谷电价制度。实行分时电价的对象主要是有调荷能力的客户，高峰时间一般规定为每天 8：00—22：00，低谷时间一般规定为 22：00—次日 8：00。高峰、低谷用电电价比值一般为 3：1 或 2：1。峰谷电价充分体现了价格的杠杆作用，对于调整负荷、提高设备利用小时数、缓解电力紧张情况均能起到积极作用。

5. 定量收费制度

定量收费实行的前提是认为用户总的负荷要求与电能消耗都是固定的。这种收费制度不需要计量装置和抄表工作，管理比较简单；其缺点是不能反映用户实际电能使用情况，计费方式不合理，容易造成电能浪费和违章窃电现象。

二、电价分类

我国的销售电价对不同用电户性质规定了不同的电价标准，大致可分为六大类：居民生活用电电价、大工业用电电价、普通工业用电电价、非工业用电电价、商业用电电价和农业生产用电电价。各类电价适用对象见表6-4。

表6-4　各类电价适用对象

电价分类	适用对象
居民生活用电电价	（1）凡居民生活的照明用电及家用电器用电，均按居民生活用电电价计收电费 （2）我国居民照明电价又可分为城镇居民生活用电和农村居民生活用电两类。城镇居民生活用电是指城镇居民住宅用电和住宅楼附属设施（指楼道灯、住宅楼电梯、水泵、小区内路灯、物业管理、门卫、消防、车库等）用电。农村居民生活用电是指对尚未实行城乡同价的地区，在农村综合变压器计量的农村居民生活用电
大工业用电电价	（1）凡以电为原动力或以电冶炼、烘焙、熔焊、电解、电化的一切工业生产用电，且受电变压器容量在 315 kV·A 及以上者，执行大工业用电电价 （2）大工业用电电价一般都采用两部制计价方式
普通工业用电电价	凡以电为原动力或以电冶炼、烘焙、熔焊、电解、电化的工业生产用电，且受电变压器容量不足 315 kV·A 或低压用电者，养殖业、粮食及饲料加工业用电等执行普通工业用电电价
非工业用电电价	（1）机关、学校、幼儿园、医院、研究机构、试验单位等用电 （2）铁道、邮政、电信、管道输油、航运、电车、电视、广播、仓库、码头、车站、飞机场、下水道、路灯、广告（牌、箱）、体育场（馆）等用电 （3）临时施工用电 （4）除居民生活用电、商业用电、农业生产用电以外，其他一些非工业用电
商业用电电价	凡从事商品交换或提供商业性、金融性、服务性的有偿服务所需的电力，不分容量大小、不分动力照明，均实行商业用电电价
农业生产用电电价	农村乡镇、农场、牧场、电力排灌站、农业基地的农田排灌、电犁、打井、打场、脱粒、积肥、育秧、口粮加工（指非商业性的）和黑光灯捕虫用电及农村防汛、抗旱临时用电

以江苏省电网销售电价为例，用电户分为居民生活用电、一般工商业及其他用电、大工业用电、农业生产用电四大类，具体销售电价见表6-5。

表6-5 江苏省电网销售电价（2021年1月1日起执行）

用电分类		电度电价/元·(kW·h)⁻¹						容（需）量电价	
		1kV以下	1~10 kV	20~35 kV	35~110 kV	110 kV	2 200kV及以上	最大需量/元·kW⁻¹·月	变压器容量/元·(kV·A)⁻¹·月
一、居民生活用电	阶梯电价	年用电量≤2 760 kW·h 0.528 3	0.518 3						
		2 760 kW·h<年用电量≤4 800 kW·h 0.578 3	0.568 3						
		年用电量>4 800 kW·h 0.828 3	0.818 3						
	其他居民生活用电	0.548 3	0.538 3						
二、一般工商业及其他用电		0.666 4	0.641 4	0.631 4	0.616 4				
三、大工业用电		0.606 8	0.606 8	0.596 8	0.581 8	0.556 8	0.531 8	40	30
四、农业生产用电		0.509 0	0.499 0	0.493 0	0.484 0				

三、抄表

1. 抄表卡及其填写

（1）抄表卡

为使抄表人员在现场工作时，能方便地使用基本档案记载的信息内容，一般供电企业均将客户的基本档案以电能表计度器为单位制成卡片进行存放使用，这就是所谓的抄表卡。在本期抄表时，同时需要了解上期或更以前的电能表历史记录等。供电企业在设计抄表卡时，除将客户基本信息及电能表基本信息记在片头外，将余下的部分均设计用来填写现场抄表记录。某供电局的抄表卡格式见表6-6。

表6-6 抄表卡

户　名								
地　址								
区页码			户　号			电表编码		
行业分类	线路配变码		银行代码		主　管	报装容量 kW（kV·A）		

电　表　变　动　记　录						电流/电压互感器变动记录		电价
装调日期	厂名		局号	相线	容量	位数	装调日期	变比	

年	月	日	摘　要	抄表示值						倍率	电量
				十万	万	千	百	十	个		

（2）抄表卡的填写

新客户的抄表卡应根据营业档案及电能表装接流程（传票）的内容建立，要求记载的所有数据正确、完整。老客户更新的抄表卡，除应保证基本档案及计量档案的正确性外，还应抄录该客户的部分历史电量台账，包括电能表上期抄表时间、抄表示值、去年同期电量等内容，以保证数据的连续性。抄表人员在现场使用抄表卡时，应认真填写并确保其完整性；填写卡片时宜使用钢笔，以保证数据信息永久保存。对抄表时出现的书写错误，应采用划去重写的方法进行更正。对全部更改记录，要求在旁边加盖操作人员的个人印鉴。抄表卡应由专人保管，不得外借，更不允许随意涂改。

2. 抄表方法

实际工作中的抄表方法有手工抄表、半自动抄表和自动抄表三种。

（1）手工抄表方法

手工抄表方法是抄表人员手持抄表卡、笔及其他抄表工具，挨家挨户到客户装表处，将电能表显示的读数抄录在抄表卡上的一种抄表方法。这种抄表方法简单、直观，但存在许多的弊病。抄表人员在现场工作时要带许多的东西，特别是遇到雨雪天气，一边要抄表，一边还要做好抄表卡的防水工作等，极不方便；此外，工作人员手写及计算的工作量大，抄表结束需进行电费计算时，还需要再次使用人工登录台账，容易因二次输入造成数据出错。

（2）半自动抄表方法

半自动抄表方法是抄表人员手持便携式抄表器至客户装表处，采用人工键入或经其他通信方式，读取电能表的数据的一种抄表方法。抄表器本身带有计算功能，只要将客户的历史记录下载到抄表器中，再根据表的预设条件，在完成抄表数据输入的同时，抄表器就能自动完成客户电量电费的计算工作，并及时对异常数据进行提示，为抄表的正确性提供了保障。特别是具备通信能力的抄表器可以自动读取电能表数据，既提高了抄表速度，又避免了因手工输入错误引起的抄表差错。

（3）自动抄表方法

自动抄表方法是利用以现代通信网络为基础的自动抄表系统，代替人工方式，实现对用户电能使用数据的远程采集、传输和集中统计、计算及管理的抄表方法。自动抄表系统主要由电能表、采集器、集中器、数据传输通道、主站系统构成，通过网络，还可以和供电局的营业收费系统相连，实现抄表收费一体化，如图6-2所示。

采用这种抄表方法，抄表人员可以在远离客户表计的地点，运用高科技手段，将客户的电能表数据采用远程传输的方式直接读取。它成功地解决了抄表数据集中地点与现场安装的电能表之间数据通信的问题。

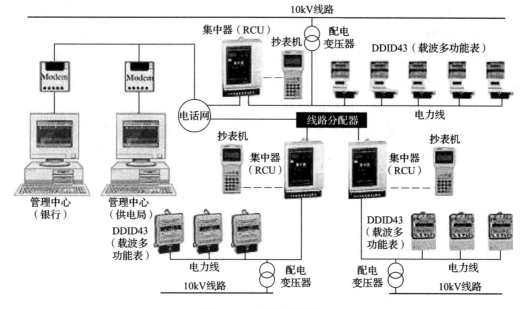

图 6-2 自动抄表系统

四、电费计算

电费计算就是根据客户的结算电量，参照国家规定的计算方法及国家权限部门核准的电价，完成客户应收电费计算的整个过程。

1. 抄见电量和损耗电量的概念

（1）抄见电量

抄见电量是指在结算周期内，供电企业在客户处安装的计费电能表实际记录的用电量。抄见电量的计算方法是：抄见电量=（本期抄表数 – 上期抄表数）× 电压互感器倍率 × 电流互感器倍率。

（2）损耗电量

损耗电量是指因电能计量装置未能装设在产权分界处，按规定应增加（或减少）的除抄见电量以外的部分额外电量。

《供电营业规则》第七十四条规定："用电计量装置原则上应装在供电设施的产权分界处。如产权分界处不适宜装表的，对专线供电的高压用户，可在供电变压器出口装表计量；对公用线路供电的高压用户，可在用户受电装置的低压侧计量。当用电计量装置不安装在产权分界处时，线路与变压器损耗的有功与无功电量均须由产权所有者负担。"根据这条规定，与电费计算相关的损耗电量可能存在两个部分，即专线客户因计量装置安装在供电变压器出口引起的损耗电量（线损电量）和公用线路供电的高压用户在低压侧计量引起的损耗电量（变损电量）。损耗电量的计取依据和计算方法见表 6-7。

表6-7 损耗电量的计取依据和计算方法

损耗电量		计取依据	计算方法
线损		当计量点与产权分界点不一致时，它们之间连接线路的损耗电量就应该在结算电费时额外计收。以正常潮流方向为基准，当计量点在产权分界点前的，在结算电量中应减收线损电量；当计量点在产权分界点后的，在结算电量中应加收线损电量	线路的损耗电量＝抄见的有功电量×线损率
变损	铜损	由于变压器一次、二次绕组都有一定的电阻，当电流流过时，也将会产生一定的功率和电能损耗，这就是铜损。它包括有功铜损和无功铜损两部分。变压器的铜损与负载的大小和性质有关	有功铜损电量＝抄见的有功电量×变压器的铜损率无功铜损电量＝有功铜损电量×变压器的无功铜损系数
	铁损	变压器是根据电磁感应原理工作的。当一次侧加有交变电压时，铁芯中将会产生交变磁通，同时产生磁滞与涡流损耗，这就是铁损。它包括有功铁损和无功铁损两部分。当电源电压一定时，铁损基本是个恒定值，而与负载电流大小和性质无关	有功铁损电量＝变压器单位时间内的有功铁损×变压器的运行时间无功铁损电量＝变压器单位时间内的无功铁损×变压器的运行时间

2. 退补电量

退补电量是指在用电营业过程中发生的，按规（约）定需参与电费计算的其他电量的总称。退补电量为非常规结算电量，无论因何种原因产生，均应在确定前与客户取得联系，协商一致后，才可正式参与电费计算，以避免影响正常电费的回收。

产生退补电量的原因很多，如电能表或互感器误差超差、电子式电能表飞走、电子式电能表主芯片故障、计量线故障等。

3. 结算电量

结算电量就是供电企业对电力客户最终结算电费的电量值。结算电量值的计算式为：

$$结算电量＝抄见电量±线损电量+变损电量±退补电量$$

4. 电费计算

目前，在我国电力企业向客户收取的电费应包括电量电费（尖峰电费、高峰电费、平段电费、低谷电费）、基本电费、功率因数调整电费（俗称力调电费）和价外加价电费（国家批准的各类代征费用，简称加价电费）。

（1）电量电费的计算

电量电费依据客户的实际耗用电量（结算电量）和国家批准的电量电价计算，即：

$$电量电费 = 结算电量 \times 电量电价$$

若客户执行峰谷电价，则

$$电量电费 = 尖峰电量 \times 尖峰电价 + 高峰电量 \times 高峰电价$$
$$+ 平段电量 \times 平段电价 + 低谷电量 \times 低谷电价$$

（2）基本电费的计算

客户的基本电费可按客户的变压器容量或最大需量两种方法来计算。基本计算方法为：

$$基本电费 = 变压器容量 \times 容量基本电价$$

或

$$基本电费 = 最大需量 \times 需量基本电价$$

（3）力调电费

功率因数调整电费是指客户的实际功率因数高于或低于规定标准时，在按照规定的电价计算出客户当月电费后，再按照"功率因数调整电费表"所规定的百分数计算减收或增收的调整电费，以 0.9 为标准的功率因数调整表见表 6-8。力调电费的计算方法是：

$$力调电费 = （基本电费 + 电量电费）\times 功率因数增（减）率$$

表 6-8　以 0.9 为标准的功率因数调整表（摘录）

实际功率因数	…	0.84	0.85	0.86	0.87	0.88	0.89	0.90	0.91	0.92	0.93	0.94	…
月电费增/减（%）	…	+3.0	+2.5	+2.0	+1.5	+1.0	+0.5	0.00	−0.15	−0.30	−0.45	−0.60	−0.75

（4）加价电费的计算

随电费代征的加价电费是电力企业代为征收的其他费用，必须经国家相关权限部门批准同意。目前国家批准的"价外加价"电费主要包括：三峡工程建设基金，0.015 元/（kW·h）；电力建设基金，0.02 元/（kW·h）；城市公用事业附加费，0.005 元/（kW·h）。

五、电能计量示例

1. 计算某负荷月用电量

某变电所 2 号盘二次出线装有三相三线制电能表，表盘上标明 5 A、100 V，经过 10 000 V/100 V 的电压互感器和 100 A/5 A 的电流互感器接入电路，上月抄表是 333.2，本月抄表是 395.5。试计算负荷的本月用电量。

计算过程：

本月实际用电度数 =（本月抄表数 – 上月抄表数）× 电压比 × 电流比

=（395.5–333.2）× 10 000/100 × 100/5 kW·h

=124 600 kW·h

2. 计算某用户某月应交电费

某居民用电户安装单相峰谷电能表 1 只，某年 5 月抄表时总计度器示值为 6 238，谷计度器示值为 4 531；同年 6 月抄表时，总计度器示值为 6 921，谷计度器示值为 4 762。试计算该用电户 6 月份的应缴电费。[设峰电价为 0.56 元 /（kW·h）、谷电价为 0.28 元 /（kW·h）]

计算过程：

（1）计算该用电户六月份的用电量

谷电量 = 本月谷电量示值 – 上月谷电量示值

=4 762 kW·h–4 531 kW·h=231 kW·h

峰电量 = 本月总电量 – 上月总电量 – 谷电量

=6 921 kW·h–6 238 kW·h–231 kW·h=452 kW·h

（2）计算该用电户六月份的应缴电费

谷电费 = 谷电量 × 谷电价 =231 × 0.28 元 =64.68 元

峰电费 = 峰电量 × 峰电价 =452 × 0.56 元 =253.12 元

应缴电费 = 峰电费 + 谷电费 =253.12+64.68 元 =317.80 元

3. 计算某公司某月应交电费

某公司设 S7–315 kV·A/10 变压器 1 台。在变压器的低压侧计量装置有 3 × 380/220、1.5（6）A 多功能电能表 1 只，0.4 kV、500/5 电流互感器 3 只。某年 9 月份抄表时，各计度器示值为：有功总电量为 243.77 kW·h，高峰电量为 110.23 kW·h，尖峰电量为 20.22 kW·h，低谷电量为 114.13 kW·h，无功电量为 194.32 kvar·h。至 10 月份抄表时，各计度器示值为：有功总电量为 956.21 kW·h，高峰电量为 643.11 kW·h，尖峰电量为 38.25 kW·h，低谷电量为 275.56 kW·h，无功电量为 379.18 kvar·h。试计算该公司 10 月份应缴电费。（设各时段规定：高峰时间 8：00—11：00，13：00—19：00，21：00—22：00；尖峰时间 19：00—21：00；低谷时间 11：00—13：00，22：00—次日 8：00。）

分析：

该公司为工业企业，受电变压器容量为 315 kV·A，应执行大工业电价，尖峰电价为 0.950 元 /（kW·h），高峰电价为 0.690 元 /（kW·h），低谷电价为 0.320 元 /（kW·h）。因没有申请按需量执行基本电费，则基本电费按变压器容量计收，标准为 18 元 /（kV·A）。

查变压器损耗代码表，S7–315 kV·A/10 的有功铁损为 0.76 kW、无功铁损为 6.25 kvar，有功铜损率为 1.5%、无功铜损系数 K 为 2.43。根据《功率因数调整办法》的规定，315 kV·A 工业客户的力调标准为 0.90。

损耗电量的峰、尖、谷比例，变压器铜损与有功电量成正比，故按抄见电量的峰、尖、谷比例分摊；变压器铁损与有功电量的使用无关，故按峰、尖、谷的时间分摊，而实际高峰使用时间为 10 h、尖峰使用时间为 2 h、低谷使用时间为 12 h。

计算力调电费时，按规定加价电费不参与力调，在公布的综合电价中均包含 0.04 元 /（kW·h）加价，计算时必须扣除。

计算过程：

（1）抄见电量计算

$$抄见有功电量 =（本月总示值 - 上月总示值）\times 倍率$$
$$=（956.21-243.77）\times 100 \, kW·h=71\,244 \, kW·h$$

$$抄见高峰电量 =（本月高峰示值 - 上月高峰示值）\times 倍率$$
$$=（643.11-110.23）\times 100 \, kW·h=53\,288 \, kW·h$$

$$抄见尖峰电量 =（本月尖峰示值 - 上月尖峰示值）\times 倍率$$
$$=（38.25-20.22）\times 100 \, kW·h=1\,803 \, kW·h$$

$$抄见低谷电量 =（本月低谷示值 - 上月低谷示值）\times 倍率$$
$$=（275.56-114.13）\times 100 \, kW·h=16\,143 \, kW·h$$

$$抄见无功电量 =（本月无功示值 - 上月无功示值）\times 倍率$$
$$=（379.18-194.32）\times 100 \, kvar·h=18\,486 \, kvar·h$$

（2）损耗电量计算

$$有功铜损 = 抄见有功电量 \times 铜损率 =71\,244 \times 1.5\% \, kW·h \approx 1\,069 \, kW·h$$

$$无功铜损 = 有功铜损 \times K=1\,069 \times 2.43 \, kvar·h \approx 2\,598 \, kvar·h$$

$$有功铁损 = 有功铁损值 \times 使用时间 =0.76 \times 30 \times 24 \, kW·h \approx 547 \, kW·h$$

$$无功铁损 = 无功铁损值 \times 使用时间 =6.25 \times 30 \times 24 \, kvar·h=4\,500 \, kvar·h$$

$$高峰铜损 = 有功铜损 \times（抄见高峰电量 / 抄见总电量）$$
$$=1\,069 \times（53\,288/71\,244）\, kW·h \approx 800 \, kW·h$$

$$尖峰铜损 = 有功铜损 \times（抄见尖峰电量 / 抄见总电量）$$
$$=1\,069 \times（1\,803/71\,244）\, kW·h \approx 27 \, kW·h$$

$$低谷铜损 = 有功铜损 - 高峰铜损 - 尖峰铜损 =1\,069-800-27 \, kW·h=242 \, kW·h$$

$$高峰铁损 = 有功铁损 \times（高峰时间 /24）=547 \times 10/24 \, kW·h \approx 228 \, kW·h$$

$$尖峰铁损 = 有功铁损 \times（尖峰时间 /24）=547 \times 2/24 \, kW·h \approx 46 \, kW·h$$

$$低谷铁损 = 有功铁损 - 高峰铁损 - 尖峰铁损 =（547-228-46）\, kW·h=273 \, kW·h$$

（3）结算电量

$$有功总电量 = 抄见有功电量 + 有功铜损 + 有功铁损$$

$$= （71\ 244 + 1\ 069 + 547）\ kW \cdot h = 72\ 860\ kW \cdot h$$

$$高峰电量 = 抄见高峰电量 + 高峰铜损 + 高峰铁损$$

$$= （53\ 288 + 800 + 228）\ kW \cdot h = 54\ 316\ kW \cdot h$$

$$尖峰电量 = 抄见尖峰电量 + 尖峰铜损 + 尖峰铁损 = （1\ 803 + 27 + 46）kW \cdot h$$

$$= 1\ 876\ kW \cdot h$$

$$低谷电量 = 有功总电量 - 高峰电量 - 尖峰电量$$

$$= （72\ 860 - 54\ 316 - 1\ 876）\ kW \cdot h = 16\ 668\ kW \cdot h$$

$$无功总电量 = 抄见无功电量 + 无功铜损 + 无功铁损$$

$$= （18\ 486 + 2\ 598 + 4\ 500）\ kvar \cdot h = 25\ 584\ kvar \cdot h$$

$$功率因数 = \cos \left[\arctan （无功总电量 / 有功总电量）\right]$$

$$= \cos \left[\arctan （25\ 584 / 72\ 860）\right]$$

$$\approx 1.00 （月电增 / 减取 -0.60\%）$$

（4）结算电费

$$基本电费（按容量计算）= 变压器容量 \times 18\ 元 / （kV \cdot A）= 315 \times 18\ 元 = 5\ 670\ 元$$

$$高峰电费 = 高峰电量 \times 高峰电价 = 54\ 316 \times 0.690\ 元 = 37\ 478.04\ 元$$

$$低谷电费 = 低谷电量 \times 低谷电价 = 16\ 668 \times 0.320\ 元 = 5\ 333.76\ 元$$

$$尖峰电费 = 尖峰电量 \times 尖峰电价 = 1\ 876 \times 0.950\ 元 = 1\ 782.20\ 元$$

$$力调电费 = （基本电费 + 高峰电费 + 低谷电费 + 尖峰电费 - 总电量 \times 0.04）\times 调整率$$

$$= （5\ 670 + 37\ 478.04 + 5\ 333.76 + 1\ 782.20 - 72\ 859 \times 0.04）\times （-0.60\%）元$$

$$\approx -284.10\ 元$$

$$该公司 10\ 月份应缴电费 = 基本电费 + 高峰电费 + 低谷电费 + 尖峰电费 + 力调电费$$

$$= （5\ 670 + 37\ 478.04 + 5\ 333.76 + 1\ 782.20 - 284.10）元$$

$$= 49\ 979.90\ 元$$

 技能训练

1．训练内容

手工抄表并计算用户应交电费。

2．训练器材

某单位职工生活区的电表。

3．训练步骤

（1）熟悉该生活区某单元用电户性质、电能表计量方式及用电历史记录。

（2）现场手工抄表。

（3）电费计算。

4. 注意事项

抄表训练应在电工的指导下进行，不得对电表箱内的其他用电器随意操作，漏电开关试跳应由电工完成。

5. 成绩评定

考核内容及评分标准见表6-9。

表6-9　评分标准表

序号	考核内容	配分	评分标准	扣分	得分
1	熟悉抄表准备，具体包括用电户性质、电能表计量方式、用电历史记录	30	没有做好抄表准备工作，酌情扣10～30分		
2	现场手工抄表	30	不能正确读取数值，抄表误差太大，酌情扣10～30分		
3	电费计算	40	不能正确计算用电户应交电费，酌情扣10～40分		
4	安全文明生产	否定项	严重违反安全文明生产规定，本次考核计0分；情节较轻的，酌情在总分中扣5～20分		
5	合计	100			